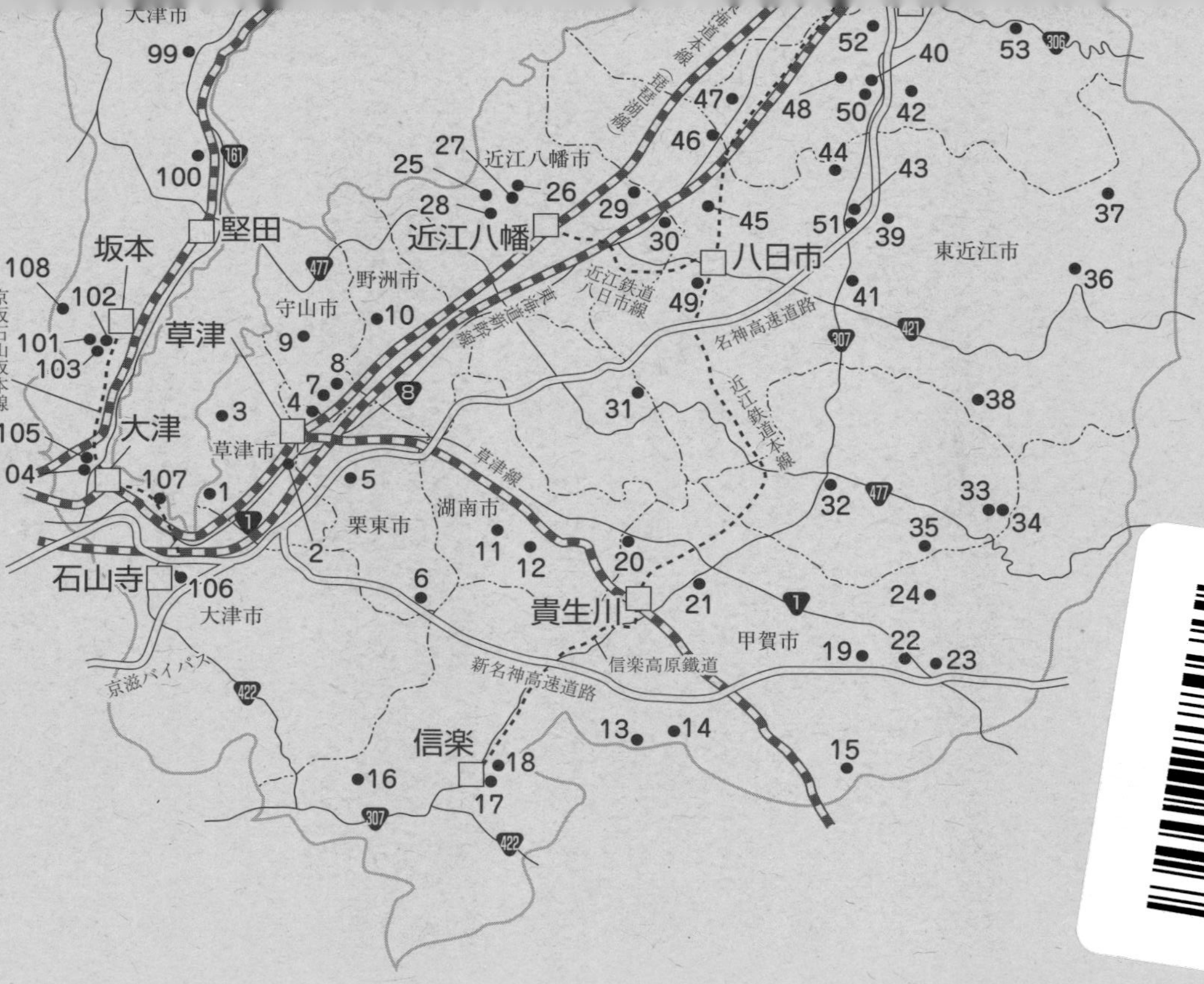
大津市
堅田
坂本
京阪石山坂本線
大津
石山寺
草津
草津市
守山市
野洲市
近江八幡
近江八幡市
東海道本線（琵琶湖線）
東海道新幹線
近江鉄道八日市線
八日市
東近江市
名神高速道路
近江鉄道本線
栗東市
湖南市
草津線
貴生川
甲賀市
信楽高原鐵道
新名神高速道路
京滋バイパス
信楽
161
477
8
1
307
421
306
422
99
100
101
102
103
104
105
106
107
108
1
2
3
4
5
6
7
8
9
10
11
12
13
14
15
16
17
18
19
20
21
22
23
24
25
26
27
28
29
30
31
32
33
34
35
36
37
38
39
40
41
42
43
44
45
46
47
48
49
50
51
52
53

２．学習目標

・自己のあり方や責任を自覚して、社会参加のための基本を身につけます。
・みずからの生活課題や地域課題を見出し、心身ともに豊かで生きがいのある人生を過ごすための契機とします。
・自主的な地域活動を推進するためのノウハウを習得し、地域の担い手としての資質を身につけます。

所在地（および問い合わせ先）

草津校　〒525−0072　草津市笠山７−８−138（県立長寿社会福祉センター内）
TEL：077−567−3901

米原校　〒521−0016　米原市下多良２−137（県立文化産業交流会館内）
TEL：0749−52−5110

入学資格　60歳以上75歳未満の方
授業料　年額25,000円（振込手数料は自己負担）
学習内容（必修）　人間理解、郷土理解、社会参加、学校行事
学習内容（選択）　園芸学科、陶芸学科、生活科学学科、地域文化学科、健康レクリエーション学科
講座時間等　１日あたり４時間（10：00〜12：00、13：00〜15：00）程度、登校日は１か月あたり５〜６日程度。
出願手続等　入学願書の提出は、各市町高齢者福祉担当課の窓口（願書などと共に400字の作文）
願書受付期間　毎年、６月中旬〜７月中旬の１か月間

レイカディア大学

＊レイカディアは「レイク（湖）」と「アルカディア（古代ギリシャの理想郷とされた地名）」を組み合わせた造語で“湖の理想郷”の意味です。

1．滋賀県レイカディア大学設置の趣旨

人生80年時代を迎えて、すこやかで活力ある長寿社会の実現が望まれています。この様な時代にふさわしい社会を創造するためには、高齢者みずからが学び、持てる力をさらに磨き、社会参加や地域づくりにおける担い手として、その資質の向上と実践に努め、積極的にその役割を果たすことが求められています。

こうしたことから、高齢者の社会参加意欲の高まりに応え、「高齢者が新しい知識、教養と技術を身につけ、地域の担い手として登場できるよう支援するため、」レイカディア大学を開設しています。

とはいえ、六〇歳の手習いも大変だ。机に向かう時間が長くなればなるほど脳の酸素が不足して、ぼーっとしてくる。ぼんやりと外を見ていたとき、「酸素がなければ人間は生きていけない。樹齢四〇年～五〇年の木六本で、人間が一生で必要とする酸素を出している」と、急に大声で中村先生が言った。

ハッとした私は、樹齢四〇年～五〇年とはいったいどのくらいの木なんだろと思い、後日、近くの製材所を訪ねて聞いてみた。

「生産する場所によって違うが、だいたいこれくらいだろう」と、何本かの切り株を見せながら製材所の人が教えてくれた。それは直径三〇センチぐらいの切り株で、年輪を数えると四〇～五〇を数えることができた。おおよその大きさが分かったら、妙に「樹齢」という言葉に興味がわいてきた。そうなると、近くの山へ行っては、この木は樹齢何年ぐらいだなと思いながら木を見て歩くのが楽しくなってきた。

ある日、家の近くにある五百井《いおのい》神社（二六ページ参照）に行った。本殿の横は昼間でも薄暗いところだ。少し入ってビックリして息を呑んでしまった。「これは何だ！」、よく見ると、大きなスギの木が壁のように立ちはだかっている。こんな大きな木があるのかと、体が震えてきた。石柱に囲まれて、湿っぽいところに大きなコブを蓄えて鎮座しているのだ。

私は神の気配をビンビンと感じ、それ以上、木に近寄ることができなかった。恐ろしいものでも見たかのように急いで踵を返したが、その背後にも何かを感じてしまった。自然界が支配する、人間が入ってはいけない領域に入ってしまったのか……とさえ思った。

　これが巨木か……世の中にこんな大きな木があるのか、こんな大きな木が家のすぐ近くにあることに初めて気づいた。

　その日から三日ほど、巨木に呼び寄せられるように朝な夕なその巨木に会いに行った。何回か会ううちに気持ちも落ち着いてきたが、やはり何かを感じた。子どものころ、親父が「大きな木には天狗が住んでいる」と言っていたことを思い出し、その天狗の気配なのだろうかと子どもへの戒めの言葉を頭に描いたりもしたが、それにしても神秘的な何かを感じてしまう巨木である。

　この巨木に触ると、樹皮は冷たいが巨木の中に温もりを感じる。これだけ大きな図体をしているが、まちがいなくこの木は生きている。いったい何年ぐらい生きてきたのか、という素朴な疑問が生まれてきた。直径三〇センチの切り株で樹齢五〇年ぐらいだったが、この木の直径はゆうに一七〇センチはある。ただ、先日製材所で見た年輪の外側は異常に細かかったから、単純に太さで樹齢が計算できるものではないだろう。

　どうしてもこの巨木の樹齢を知りたいと思い出したら、それを調べることがどうしたらできるのだろうかという新たな疑問がわいてきた。この連続する不思議さが巨木の魅力なのかもしれないと思いつつ、だんだんと巨木に魅されていく自分を感じていた。

　その後、疑問を解くよりも、もっと大きな木があるのではないかと考えるようになっていった。そして、もっと大きな、もっとすばらしい巨木があることを信じて行動を起こしはじめてしまった。レイカディア大学の授業の日以外は「サンデー毎日」という特権もある。滋賀県発行の『滋賀の名木誌』（一九八七年三月）や巨木に関する資料を片手に、滋賀県内を車で走り回るという日々になってしまった。

「滋賀の名木を訪ねる会」発足

衝撃的な巨木との出会いから一年ほどは、巨木に取り憑かれたように県内にある巨木を求めて走り回った。国指定天然記念物、県指定天然記念物、県指定自然記念物に指定された木がなんと多いことか。聖徳太子、弘法大師、蓮如上人などの歴史上の人物にまつわる話も多く、食事のあと、箸をつきさしたのが発根して巨木になったという言い伝えも多く残っている。いったい誰がこんな話をつくったのかとも思うが、そこがまたおもしろいところである。

湖北地方の野神（一七三ページで詳述）の巨木や各神社に見られる御神木など、一年間で一〇〇本余りの巨木に出会った。どの木を見ても立派で威厳があり、その大きさに歴史を感じてしまう。その反面、環境の変化のためだろうか、傷みがひどく枯死寸前のような巨木も多数あり、素人ながら早めに処置をしなければと思われる巨木もある。このようなさまざまな巨木たち、見れば見るほどいじらしいほどの愛着がわいてきた。

ふと、「独り占めをしていいのだろうか？」という疑問を抱くようになった。「みんなで見たい！　みんなに見せてあげたい」と思いつくやいなや園芸学科の同期生に声をかけてみた。「いったい何？」という半信半疑の人も多かったが、二〇名の了解を得て、園芸学科の部活動としてスタートすることになった。

「会」を立ち上げる以上、中途半端ではだめだ。社会が認めてくれるような「会」にしなくてはいけないと思い、仲間四人でまず滋賀県琵琶湖環境部林務緑政課（現森林政策課）の田上知《たがみさとる》参事を訪ねた。その席上で今までの経緯や考え方を説明し、県内の巨木の調査をして、写真とともに記録として残したい旨を話した。うれしいことに田上参事から、「民間の人がボランティアで会組織として巨木に取り組んでくれるというのは初めてです。できるるだけの応援はしますす頑張って下さい」という激励の言葉をいただいた。県が応援してくれるということで、妙にファイトがわいてきた。

二〇〇一年一〇月一五日、「滋賀の名木を訪ねる会」を発足し、第一回の例会を一〇月二一日に栗東・信楽方面のコースを設定して一三名の参加者とともに開催した。

最初に訪ねた巨木は、もちろん五百井《いおのい》神社のスギである。メンバーの前で私の巨木の出会いはこのスギであることを話し、このスギの樹高、幹周り、樹齢、伝説などを説明をした。メンバーも木の大きさにびっくりしたり様子で、「これはすごいものを見せてもらった」と感激していた。

「滋賀の名木を訪ねる会」は、このスギからスタートしたのである。その後、例会を重ねるたびに参加者も増え、当然、写真の数も増えていった。また、クラスでも巨木に対する認識が高まっていったことが私としては非常にうれしかった。

レイカディア大学では、大きなイベントの一つに学習発表会がある。そこで、園芸学科としては「巨木」をテーマにして全校生の前で発表を行った。あまり知られていない巨木の説明を大きく写し出される写真とともに行ったのだが、みんな興味深く聴いてくれたことでメンバーのモチベーションも高まり、二年間のレイカディア大学を卒業してからも年に五〜六回は例会を開催するようになった。これまでに見た県内の巨木は四〇〇本を超えているだろう。

本書は、これまでに「滋賀の名木を訪ねる会」が例会において見てきた巨木の一部を広くみなさんに紹介しようと思い、改めてメンバーが樹高・幹周り・謂《いわ》れなどを調べ、その内容をまとめたものである。また、これまでに行った写真展や講習会などのことも間に挟んで、会の活動をできるだけ詳しく記述させていただいた。なお、祭神名に関しては、それぞれの神社の社伝などに記してあるものを表記させていただいた。

著述においては素人ばかりなのでいろいろと不備もあろうかとは思うが、滋賀県内の巨木めぐりを楽しんでいただければと思う。そして、その神秘性も同時に感じていただければ幸いである。

「滋賀の名木を訪ねる会」会長　　辻　宏朗

もくじ

滋賀の巨木めぐり——歴史の生き証人を訪ねて

巨木とは

環境庁（現環境省）の巨樹・巨木林調査要綱（1988年）

1. 調査の目的

悠久の時によって育まれた巨樹・巨木林は、我が国の森林、樹木の象徴的存在であり、その土地の環境特性や森林の極相などの指標でもあるが、その実態が不明のまま急速に失われつつある。このため巨樹・巨木林の現況を全国的に調査するもの。

（巨樹・巨木林の価値）

良好な景観の形成、野生鳥獣の営巣の場など自然環境保全上重要な価値を有し、また年輪等に過去の気候や環境の状況を記録していることから、古気象等の研究素材として学術的価値も大きい。さらに、信仰の対象となったり、地域のシンボルとして人々に安らぎと潤いを与えるなど、生活環境保全面からも重要な自然環境資源である。

（調査の効果）

調査の結果、巨樹、巨木林及びその生育環境などの保全対象が明確化し、保全地域等の既存指定制度、環境アセスメント、ナショナルトラスト等の施策を通じた保全が促進される。また、誰にも理解されやすい保護対象であることから、国民の自然保護への関心を高めることができ、さらに、地域振興にも寄与するなどの波及効果も期待される。

2. 調査対象

調査対象は次の調査対象基準に該当する樹木又は樹林とする。

「地上から約130cmの位置での幹回りが300cm 以上の樹木又はこれらが生育している樹林・並木等。なお、地上から約130cm の位置において幹が複数に分かれている樹木の場合には、個々の幹の幹周の合計が300cm 以上であり、そのうちの主幹の幹周が200cm以上のものとする。」

図　1

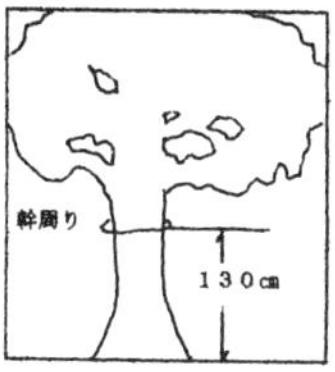

図　2

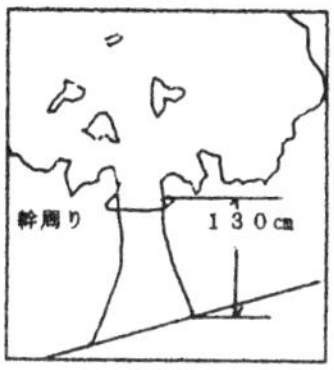

図　3

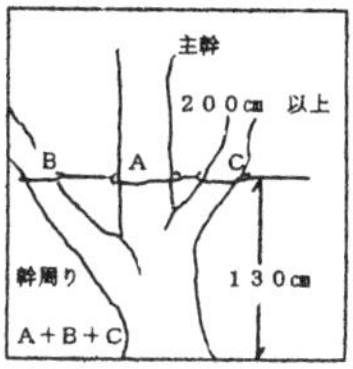

図　4

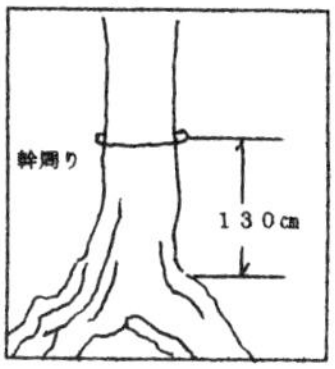

1 矢《や》橋《ばせ》のイチョウ

今井　洋

所在地　草津市矢橋町1344地先
樹　種　イチョウ（イチョウ科）
　　　　樹高19m　　幹周り3.4m
樹　齢　300年（推定）
アクセス　電車　JR琵琶湖線「南草津駅」より帰帆島方面へ矢橋町並みを通り約3km
　　　　車　県道26号（浜街道）の矢橋信号より西へ約0.5km
撮　影　2007年7月

草津宿本陣から東海道を京都に向かって一三〇〇メートルほど行くと「矢橋道」起点の道標が立っており、「右や者《は》せ道　古連《これ》より廿五丁大津へ船わ多《た》し」とある。江戸時代には、草津名物「うばがもち」を売る「姥《うば》ケ《が》餅屋《もちや》」があり、「勢田へ廻ろか矢橋に下ろか　ここが思案のうばがもち」と唄われて繁昌していた。近道は魅力とみえ、「勢多へ廻れば二里のまわりでござれ　矢橋の船に乗ろ」と対岸の大津への船旅が賑わったようだ。また、「武士《もののふ》の矢走《やばせ》の船ははやくとも急がば廻れ勢多の長橋」（宗長・室町時代の連歌師）とも謳われて、「急がば廻れ」の語源となった。

矢橋道を行くとすぐにJR琵琶湖線に遮られるが、線路の西側はほぼ昔の道で、神社や仏閣、とりわけ矢橋の町並みは当時の集落の姿をそのまま残している。その終着が矢橋港跡で、古来より湖上交通の要衝として栄え、大津からの目印となった銀杏《イチョウ》がここに立っている。大津から矢橋港の銀杏をめざして帰っていく様子は、近江八景「矢橋の帰帆」として浮世絵にも描かれているのでご存じであろう。

今は琵琶湖に帰帆島《きはんとう》(＊)が造成されたこともあり、かつての様子は浮世絵に頼るしかないが、帰帆島に来てかつての港側を眺めてみると、やはり銀杏だけが際立って目立っている。

ゴツゴツとした冬の樹形は、湖からの風に抗して仁王立ちしている。この銀杏は年によって実の多寡《たか》がきわめて激しい。ギンナンの果肉は異臭を放ち、慣れないと拾う気にさえならないが、その薄緑の香ばしい香りに誘われてつい拾ってしまう。

銀杏は別名「公孫樹《コウソンジュ》」と呼ばれるが、これは種を蒔いて実をつけはじめるのが孫の代になってからということらしい。ギンナンは三〇年経って一人前、「桃栗三年」との違いに驚かされる。

(＊)滋賀県南部広域下水浄化センター用地として湖を埋め立て、1982年に運用開始。島内は公園施設として整備され、家族連れで賑わっている。

2

立木《たちき》神社《じんじゃ》のウラジロガシ

今井　洋

滋賀県指定自然記念物

所在地　草津市草津４－１－３
樹　種　ウラジロガシ（ブナ科）
　　　　樹高10m　　幹周り6.3m
樹　齢　300年以上（推定）
アクセス　電車　JR 琵琶湖線「草津駅」より旧東海道に出て大津方面へ約1.2km
　　　　車　　国道１号　伯母川新橋交差点より湖側へ約0.5km
撮　影　2004年４月

ＪＲ草津駅から商店街を通って旧東海道を南へ約一キロ、県道を渡った所に立木神社がある。碑文によれば、発祥は「七六七年祭神建甕槌命《タケミカヅチノミコト》が常陸国鹿島を出立され（旅立つことを「鹿島立ち」というのはこの縁による）この地に着き給うたので、里人が新殿を創建し命を斎祀し奉った」と伝えられている。また、社名の起源について「この時命、手に持つ柿の杖を社殿近くの地にさし給い『この木が生えつくならば、吾永く大和国三笠の山（今の春日大社）に鎮まらん』と宣り給いしが、不思議にも生えつき枝葉繁茂す。人々その御神徳を畏み、この木を崇め社名を立木神社と称し奉った」とも碑文には記されている。命は春日大社の主祭神であり、立木神社の境内に柿の木が御神木になっているのはこの由緒による。

御神木の裏白樫《ウラジロガシ》は、境内に入って右手、三方に太い幹を伸ばして玉垣に囲まれている。自然記念物の指定を受けた一九九一年ごろの写真を見ると、元気に枝葉を伸ばして威厳ある姿で立っていた。約一〇年後この内の一本が枯れ、その数年後に二本目が枯れた。今は、北側の一本だけが残っている。玉垣の横が駐車場や道路として使われて、生育環境が厳しくなったことが原因であろう。

裏白樫は滋賀県では「潜在自然植生(＊)」の代表の一つで、本来もっとも当地に適した樹木であろう。この巨木さえ、都市化の波には抗しきれないのだ。人間の意思がなければ共生が至難であることを教えてくれる格好の例といえるだろう。

玉垣の隣に「千年の神木のこずえ初明り　きぬ」という句碑が立っている。少しでも長命を祈りたい。

（＊）人為の影響がまったくなくなったとき、数百年後にできる森林の優先樹種。

3

三大神社《さんだいじんじゃ》のフジ

［別名・砂擦りの藤］

石田　弘

滋賀県指定自然記念物

所 在 地　草津市志那町吉田309
樹　　種　フジ（マメ科）　樹高3.5m　幹周り0.9m
樹　　齢　400年（推定）
アクセス　電車　JR 琵琶湖線「草津駅」より近江バス「北大萱」下車約0.6km
　　　　　車　　県道26号（浜街道）北大萱交差点を湖側へ約0.5km
撮　　影　2008年５月

ＪＲ草津駅西口から琵琶湖博物館行きの近江バスに乗って「北大萱《きたおおがや》」で下車して一〇分ほど歩くと三大神社がある。「条里集落の遺構地吉田の中心にあり」とパンフレットに書かれているが、いったいどこが条里集落の中心かはまったく分からない。

祭神は志那津姫命《シナツヒメノミコト》で六六五年創祀と伝えられている。本殿の傍《かたわ》らに高さ約二メートルの六角柱の石灯篭が立っている。「正応四（一二九一年）」の刻銘を見ても分かるように鎌倉時代の石造美術を代表するもので、国の重要文化財に指定されている。

境内には、樹齢四〇〇年といわれる見事な藤の老樹がある。毎年、四月下旬から五月上旬にかけて花の穂が地面に達するほど長く咲く。年によっては二メートル近くになるため「砂擦りの藤」と呼ばれる見事な古藤が開花し、毎年、近畿各地からも多くの観光客が訪れている。また、近隣の志那神社と惣社神社の境内にも藤があることから「志那三郷の藤」とも呼ばれており、それぞれ地域の有志が集まって結成された「藤古木保存会」や樹木医（四二ページ参照）によって土壌管理から剪定までされて手厚く保護されている。

古来、日本人にこよなく愛される藤には「ノダフジ」や「ヤマフジ」などの種類があり、一般的に藤といわれているのはノダフジである。本州、四国、九州の温帯から暖帯に分布し、この名は発祥の地とされる大阪市福島区野田にちなんで付けられたものである。大津絵（＊）の画題や日本舞踊の「藤娘」などが有名である。

紋章の「藤紋」は、ヤマフジのぶら下がって咲く花と葉を「藤の丸」として図案化したもので、家紋として室町時代に流行した。

（＊）大津の追分、三井寺の周辺で売られていた素朴な民芸的絵画で、東海道を往来する旅人に土産物として売られていた。

4

大寶神社《だいほうじんじゃ》のクスノキ

所在地　栗東市綣《へそ》７－５－５
樹　種　クスノキ（クスノキ科）　樹高28m　幹周り4.9m
樹　齢　500年（推定）
アクセス　電車　JR琵琶湖線「栗東駅」より約0.7km
　　　　　車　国道１号線の上鈎交差点より1.5km、花園交差点より県道２号線を約0.5km
撮　影　2007年８月

三浦　忠男

マンションが立ち並び、十数年前の田園風景とはとても考えられないぐらいに開発したJR栗東駅の西側に、こんもりとした鎮守の杜が見える。大寶神社の杜で、その中でもひときわ高く楠《クスノキ》がそびえている。ここは、中山道に面した小川に架けられた石橋を渡って大鳥居をくぐると広い参道がつづいている。ここは、松尾芭蕉が「へそむらのまだ麦青し春のくれ」と詠んだ地であり、中山道を旅した際にここに立ち寄ったのだろう。

参道を奥深く進むと左側に表門がある。この表門は四脚門(*)で、「今宮応天大神宮」の扁額《へんがく》が揚げられている。表門をくぐると、拝殿の横に注連縄《しめなわ》を張った楠の巨木がそびえている。この楠が大寶神社の御神木で、樹高は三〇メートルほどあるだろう。幹は太くて逞しく、枝の広がりは二〇メートルを超えており、根張りもどっしりとしている。その御神木の枝には「おみくじ」が結ばれており、まさに神が宿る感じだ。滋賀県内では三番目に大きい楠のそばに「平成二年　栗東町指定名木」という白い標柱が立っている。この年、全国的に巨木の調査があったらしく、どうやらそのときの標柱らしい。

大寶神社は七〇一年に鎮座され「大宝天王宮」と称し、今宮応天神宮の神号を文武天皇から授けられた。主祭神は素盞鳴命《スサノオノミコト》とされ、素盞鳴命と稲田姫命《イナダヒメノミコト》降臨の杉の木が昔はあったらしいが、今はなくなっている。

この本殿は一間社流造《いっけんしゃながれづくり》・檜皮葺の日本最古のものであり、鎌倉時代の近江を代表する建築物とされている。この本殿を挟んで右側に追来《おうき》神社、左側に稲田姫神社が鎮座し、それぞれの社殿の前に狛犬が置かれて神像を守っている。

(＊)親柱の前後に控え柱を各２本設けた門のこと。重要な門に使っている。

5 五百井《いおのい》神社《じんじゃ》のスギ

所在地　栗東市下戸山30
樹　種　スギ（スギ科）　樹高35m　幹回り５m
樹　齢　2000年（伝承）500年（推定）
アクセス　電車　JR草津線「手原駅」より3.5km
　　　　　車　名神高速道路栗東ICより10分
撮　影　2007年８月

辻　宏朗

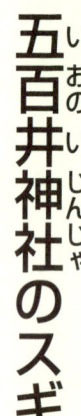

一八八九年に開通した草津線は、ＪＲ琵琶湖線の草津駅から三重県柘植《つげ》駅までの三六・七キロを走っている。草津駅の次である手原駅の近辺には市役所があり、栗東市の中心地となっている。駅前には「東経一三六度が通る駅」のモニュメントのほか、駅前を通る旧東海道筋にも「東経一三六度・北緯四五度」と刻まれた石標が立っている。

前方に安養寺山（二三四・一メートル）が見える。その麓《ふもと》には、市街地では珍しい「自然観察の森」がある。山裾の県道脇の金勝川を境として広がっている水田の中に、石の鳥居がポツンと立っている。鳥居には「廬井《いおのい》神社」とあり、中世に「五百井」の字があてられていたらしい。井堰の守護神で、延喜式神名帳栗太郡八座(*)の一座に名を連ねる格式高い神社である。

本殿の右奥にある杉の巨木がスゴイ。うっそうとして暗く、近くに寄らないと巨木の存在が分からないぐらいだ。目が慣れてくると、「あっ」と息をのむほどの黒々とした大きな物体が立ちふさがっている。小さな立木の中のとてつもない大きさに違和感さえ感じながらも、何百年も生きてきた姿がここにある。

付近には湿った空気が漂い、神秘的で神が宿っているように感じてしまう。石垣と石柱に囲まれた杉の右側に伸びた枝は白骨化しており、その枝が朽ち落ちるのを察して、枝元に樹液で盛りあげて樹皮でコブをつくっている。朽ちた痕に水が入らないようにするためだろう。

この杉には次のような伝説がある。壬申の乱（六七二年）の折、大友皇子の子である与太王が馬をつないだと伝わっている。それからすると樹齢二〇〇〇年ぐらいとなるが、果たしてどうなのだろうか？

（＊）他の７社は、小槻大社《おつきおおやしろ》・高野神社・佐久奈度《さくなど》神社・意布伎《いぶき》神社・小槻《おつき》神社・印岐志呂《いきしろ》神社・建部《たけべ》神社、である。

6

金《こん》勝《しょう》寺《じ》のスギ

［別名・良弁杉］

所 在 地　栗東市荒張1394
樹　　種　スギ（スギ科）　　樹高39m　　幹周り5.2m
樹　　齢　1200年（伝承）600年（推定）
アクセス　車　　国道１号上鈎北交差点から県道55号約10kmで道の駅「金勝の里」、ここより金勝寺方面へ約３km
撮　　影　2007年８月

三浦　忠男

金勝寺は、七三三年、聖武天皇の勅願によって良弁《ろうべん》僧正(*)が開祖した名刹である。その後、願安《がんあん》という僧が当山に来て、八一五年に大伽藍を建立して「金勝山大菩提寺」と称した。その後、歴代天皇の帰依《きえ》も深く、源頼朝、源義経、足利尊氏、足利義詮などの武将が下知《げち》を下して当寺を保護してきた。

しかし、一五四九年、戦国争乱の兵火のために全山が灰燼《かいじん》に帰した。一六〇九年になって時の住職清賢《せいけん》法印が徳川家康に再建を願い出たが時宜《じぎ》を得ず、江戸時代末期に廃寺となった。とはいえ、明治時代になって治円《じえん》法印の努力によって再興の曙光《しょこう》を見て現在に至っている。

鬱蒼《うっそう》とした金勝寺周辺は、杉、樅《モミ》、高野槇《コウヤマキ》などの巨木が競って上へ上へと伸びている。苔むした石段、古びた山門には仁王像が構え、びっしりと苔が張りついた参道の奥にある本堂は静寂な佇まいを見せ、深閑とした一〇〇〇年の面影を残している。

駐車場の前に、「良弁僧正お手植えの大スギ」という看板が立っている。そこから五〇メートルほど森の中を谷に向かっていくと小さな広場になっている。「最近は、この巨木を見に来る人たちが多いため、より安全に見ていただくようにつくった」と、住職は言っていた。その先に、どっしりとした杉の巨木が立っている。まっすぐに伸びた姿は雄大で、神秘性を感じる。伝承樹齢一二〇〇年といわれているが、納得の大きさである。開創の良弁僧正の名をとって「良弁杉」と呼ばれている。

巨木の足元にクルミの果皮がたくさん落ちていた。よく見ると、大きなクルミの木が横に広く枝を伸ばしている。野ネズミたちの絶好の場所のようだ。

(*)(689〜774) 東大寺建立に尽力した奈良時代の僧。初代別当となり、僧正となる。

7 今宿《いまじゅく》一里塚《いちりづか》のエノキ

米本 哲男

所 在 地　守山市今宿町２－４
樹　　種　エノキ（ニレ科）　　樹高10m　　幹周り2.1m
樹　　齢　150年（推定）
アクセス　電車　　JR 琵琶湖線「守山駅」より約１km
　　　　　車　　　旧中山道の閻魔堂交差点より約0.3km
撮　　影　2007年７月

守山の東門院を拠点に栄えた守山宿は、江戸から数えると中山道の六七番目の宿場だった。「京発ち守山泊まり」といわれ、京を発った東下りの旅人はここで一日目の行程を終えるため、当時、旅籠三〇軒が軒をつらねる賑わいのある宿場で、家数四一五軒、人口一七〇〇人を数えた。

今宿一里塚は、江戸日本橋から草津宿までに一二九か所あった一里塚の一二八番目にあたる。一里塚の始まりは、織田信長(＊)が安土から京都までの街道を整備し、三六町を一里と定めて一里ごとに塚を築いて榎《エノキ》や椋《ムクノキ》の木を植えたとされる。実をつけて食用となるこれらの樹は、旅人にとってはささやかな楽しみとなっていたのだろう。

その後、江戸開幕により本格的に整備され始められ、一里ごとに道の両側に五間四方の塚を築いて榎などを植えて通行の目安とした。県内には、東海道、朝鮮人街道、北国街道、北国脇往還などにも設置されていたが、明治以降、交通形態の変化による道路拡幅や農地、宅地への転用などによってそのほとんどが消滅し、現存するものは今宿一里塚のみである。

この一里塚、JR守山駅から歩いて約一五分の所にある。規模は小さくなっているが、南塚だけは残っており榎が植わっている。先代の榎は昭和中期に枯れたが、脇芽が成長して現在に至っている。四方を板で土留めして新しい土を入れて根元を保護している塚の外側は低い生垣で囲まれており、樹の生育の条件としてはよい状態が保たれている。しかし、周りは近代化されており、東側は駐車場、西側は枝に触れるほどまで近くに家が立っていて、ちょっと残念な気がする。

今宿一里塚は往事を偲べる守山宿の中にあり、近世交通史を知るうえでも重要な遺跡である。ぜひ、後世に伝えていきたい。

(＊)(1534〜1582)小谷城への浅井攻め、比叡山の焼き討ち、安土城の築城を行ったことなどで知られる滋賀県とは縁の深い戦国武将。

8

東《とう》門《もん》院《いん》のオハツキイチョウ

米本　哲男

所 在 地　守山市守山２－２－46
樹　　種　オハツキイチョウ（イチョウ科）
　　　　　樹高28m　　幹周り3.5m
樹　　齢　500年（伝承）
アクセス　電車　JR 琵琶湖線「守山駅」より約0.8km
　　　　　車　　旧中山道の閻魔堂交差点より約0.9km
撮　　影　2007年７月

東門院は、比叡山延暦寺の開基に際して東門として建立したのが始まりといわれている天台宗のお寺である。比叡山を守るという意味で「守山寺」とも呼ばれていた。

ＪＲ守山駅から北西へ歩いて約一二分の所にあり、約四〇〇〇平方メートルの境内に、江戸時代の建築といわれる本堂・庫裏・仁王門・護摩堂などが木々に囲まれて立ち並ぶ立派な寺であったが、一九八六年、本堂、庫裏、諸仏が焼失した。本堂に安置されていた十一面観音像も本堂とともに焼けたが、その後修復されて現在に至っている。境内には、石造五重塔や石造宝塔、石造《せきぞう》宝篋印塔《ほうきょういんとう》など鎌倉時代の作といわれる美術品が残っており、そのほとんどが重要文化財や重要美術品に指定されている。

山門をくぐると、左側に樹高が二八メートルにも及ぶ銀杏《イチョウ》の木がある。普通、銀杏は葉とは別に柄を出してその先にギンナンが実るわけだが、変種として葉からいきなりギンナンを付けるものもある。ここにある銀杏は雌株で、秋に実るギンナンの中に「お葉付きイチョウ」が混じっていることで有名な銀杏である。全国でも数十本しかない珍しいもので、県内では米原市醒ヶ井《さめがい》の了徳寺のオハツキイチョウが国の天然記念物に指定されている（一五〇ページも参照）。

山門横で桜の木を切っていたおじいさんに尋ねると、「秋になると色づいたギンナンの実がまっ黄色になるくらい落ちて、その匂いもすごいよ」と笑いながら話してくれた。たくさんの大きな樹の下、本堂横にある床机《しょうぎ》に座っているとほっと落ち着いた気分になってきた。秋の最盛期にもう一度訪れたいなー、と思わせる風情であった。

9

少林寺《しょうりんじ》のギンモクセイ

米本　哲男

所在地　守山市矢島町1227
樹　種　ギンモクセイ（モクセイ科）
　　　　樹高７ｍ　　幹周り2.5m
樹　齢　500年（伝承）
アクセス　車　JR琵琶湖線「守山駅」より浜街道矢島南口交差点すぐ
撮　影　2007年７月

ＪＲ守山駅の北西約四キロ、通称「浜街道」の矢島南口交差点を東へ約五〇メートルの所に少林寺（臨済宗）がある。少林寺は、一休宗純《いっきゅうそうじゅん》（＊）にかかわりの深い禅寺である。室町時代後期の絹本着色一休和尚像、一休和尚像板木など一休に由来する寺宝が多く、各々守山市の文化財に指定されている。木造一休和尚座像は大永年間（一六世紀前半）の作といわれ、近年亀裂が入るなど損傷が激しいために解体修理されていたが、二〇〇九年三月に修理が終わって寺に戻ってきた。

また、ここに所蔵されている絹本着色仏涅槃図は、その図様から鎌倉時代後期に属するものと考えられている。適確模写で釈迦入滅の情景を描いており、数ある涅槃図の中でも格調高いことから滋賀県の文化財に指定されている。

山門をくぐり、最近立て替えられたばかりの本堂前に銀木犀《ギンモクセイ》がある。一休和尚お手植えと伝えられ、伝承樹齢は五〇〇年といわれる。樹の痛みが進んでおり、幹の半分ぐらいは樹皮が残っているが半分は朽ちている。朽ちた側には途中から不定根が下りてきて発根しており、その枝にも多くの葉が付いている。その異様な姿は生命力の強さを感じさせ、大きな添え木で支えられて樹勢を取り戻したようによく繁茂している。

銀木犀は庭に植えられる常緑樹で、一〇月ごろ、葉腋《ようえき》に芳香剤のような強い香りのある黄白色の小さな花を付ける。花期は、近くを通っただけでその存在に気づくほどだ。雌雄異株で、わが国には雄株しか渡来していないために結実しない。

少林寺のような大きな銀木犀は珍しく、お寺の隆盛とともにいつまでも元気でたくさんの花を付けて、よい香りを放って参拝者に秋を感じさせてほしい。

（＊）（1394～1481）室町時代の臨済宗の僧。詩・狂詩・書画にたけていた。

10

長澤神社《ながさわじんじゃ》のフジ

松井　茂代

所 在 地　野洲市比江95
樹　　種　フジ（マメ科）　樹高20m　幹周り1.7m
樹　　齢　1300年（伝承）500年（推定）
アクセス　電車　JR琵琶湖線「野洲駅」より帝産バス守山方面「比江」下車約0.5km
　　　　　車　　国道８号小篠原交差点から県道155号に入り約３km
撮　　影　2007年８月

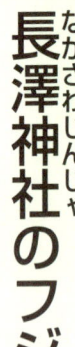

ＪＲ野洲駅から約二キロ、旧中主町比江に長澤神社があり、滋賀県で一番古いと思われている藤の古木が生育している。現在、長澤神社は新道が境内を分断したため二分された形となっており、道路を挟んで下方に本殿があり、上方の旧野洲川北流の堤防の一角に藤《フジ》の古木がある。周囲を竹柵で囲まれた鎮守の杜は、厳かな雰囲気を漂わせている。藤は聖域な場所に生育するといわれるが、まさにそのような感じがする所だ。黒鉄黐《クロガネモチ》、粗樫《アラカシ》、藪椿《ヤブツバキ》なども繁り、鬱蒼《うっそう》としている。

その中に、三本の藤の古木がうねるようにほかの樹に巻きつき、絡みつき上へ上へと登っている。その姿は昇竜のようにも見える。この藤の由来は、『近江名木誌』（滋賀県、一九一三年）によれば、「文武天皇の七〇三年（大宝三）三月のある夜、高天原の諸々の神がこの地に降臨された時自然に生じたものである」と伝えられている。

昔から、藤の木は人間の生活の中に溶け込んで生活用品として利用されてきた。ツルは丈夫で、物を縛ったり、籠を編んだり、繊維をとって布を織ったり、また若葉や花を食用ともしてきた。それ以外にも、庭に植えて棚をつくって長い房花を愛でたり、盆栽などにも用いて楽しんできた。

長澤神社は、祭神天瀬織津姫命《アマセオリツヒメノミコト》ほか五柱の女神が祀られており、毎年五月五日が例祭となっている。昔から、野洲川下流は川路が定まらず「暴れ川」と呼ばれて常に決壊の心配があって地域住民を悩ませてきた。「これを鎮めるために長澤神社の神々に祈願した」と、古老が話してくれた。

巨木の写真展開催
——琵琶湖をはぐくむ森と人「森づくり」

二〇〇二年一〇月、滋賀県琵琶湖環境部林務緑政課の田上《たがみ》知《さとる》参事より「県立琵琶湖博物館で巨木の写真展を開催してほしい」という依頼があった。田上参事は、私たちの活動を忘れずにいてくれたようだ。感謝し、喜んで第一回目の写真展に望んだ。これによって、多くの県民にも巨木のことを知ってもらえると思い、メンバー一同も大張り切りで写真展開催の準備にとりかかった。

初めての巨木写真展は二か月間のロングランで行ったが、大変な盛況となり嬉しい悲鳴をあげた。今まであまり見ることのなかった巨木の写真が数十枚も並んだ展示物に驚いた観客から、「どこにあるのか？」「行き方はどう行くのか？」「木の名

草津市の烏丸半島にある、湖をテーマにした博物館としては日本で最大規模であり、琵琶湖湖岸に位置し、水族館を含めて多彩な展示がある。
〒525-0001　草津市下物町1091番地　TEL：077-568-4811

39　巨木の写真展開催

会期：2003年（平成15年）１月４日（土）～２月28日（金）
会場：滋賀県立琵琶湖博物館企画展示室
展示概要

滋賀県は、周囲を森林に囲まれています。近年、環境保全の関心が高まり、多くの人は、琵琶湖に注目するようになりました。しかし、その水源である周囲の森林やその森林を守る人々の苦労は、知られていません。今回の展示では、琵琶湖に水を注いでいる周囲の森林と森林を守る人々に焦点を当ててみました。木のない荒れ果てた山々を、林業に携わる多くの人たちが、長い月日をかけて、緑豊かな森林へと導いてきた努力をみていただきたいと思います。なお、滋賀の巨木紹介コーナーにて、滋賀の名木を訪ねる会の「滋賀の巨木写真展」を同時開催致します。

巨木は、あまりみなさんに知られていないのが現状です。巨木は何百年もの間、風雪に耐え厳しい自然界の中に生きてきました。年輪の数だけ芽吹き、また、花を咲かせてきました。樹木とは思えないくらい大きなコブをつくり、荒々しくよじれた樹皮には本当に生きているのかと疑わしくも思えます。滋賀県で一番大きな木は、幹回り12ｍ（直径約４ｍ）もあります。また、環境の変化に耐え切れず枯死寸前の巨木もあります。発展する経済の犠牲になっても、なお、生き続けている巨木もあります。我々人間が考えなければならない問題を巨木の写真から感じて頂ければ幸いです。巨木の写真は会員の藤林道保氏が撮影しました。今回展示する巨木の写真は50点ですが、滋賀県にはまだまだ多くの巨木があります。私達は、この「巨木写真展」がスタートです。これからも巨木写真展を開催して、まず、巨木を広くみなさんに知って貰う事が大事だと思っております。そこから保護する気持ちが生まれてくるものと信じます。私達は、巨木の写真展によって、巨木の保護保全活動を啓発していく事を目的としていきます。みなさん、今後何処かで「滋賀の名木を訪ねる会」が巨木写真展を開催していると思いますのでその節はよろしくお願いします。

前は?」「どのくらい大きいのか?」「樹齢は何年ぐらいか?」「必ず見に行きます」という言葉をいただき、その反応の凄さにメンバー一同驚いてしまった。たとえそれが写真であっても、言葉でしか知らなかった「巨木」を目の当たりにすると、どうやら新鮮なものと感じて一度は見てみたいと観客の方々は思ったようだ。

私は常々言っているのだが、「百聞は一見にしかず」である。巨木を知ってもらうためには、まず話をしておおよその様子を分かってもらう。次に、写真で色、大きさ、姿形を知ってもらい、最後は実物に出会って大きさを実感し、手で触れて感触を確かめもらうことによって感動をし、何百年も生きつづけてきた木に対して畏敬の念を抱いてもらい、「これが巨木か!」とその魅力を感じ取ってもらうことにしている。

展示会場に並べた写真はA3版の大きさで迫力があり、開催した私たちもその出来栄えに満足した。たくさんのお客さんの来訪に感謝の気持ちでいっぱいとなり、次回開催への自信にもつながった。ちょうどそんなとき、この写真展の盛況ぶりがゆえか、栗東市をはじめとして二、三の図書館と地元銀行からも写真展開催の照会があった。まさかすぐに反響があるとは思ってもいなかっただけに、いろいろと考えた結果、関連性からみても「図書館がよい」という判断をした。そして、九回目の写真展では、草津市立図書館・交流センター前のロビーを使って開催させていただくこととなった。

さすが図書館である。写真展とともに巨木や木に関する本の展示も平行して行ったほか、「滋賀の巨木について」というテーマで講演会も同時開催した（七月一七日）。これらが理由なのか、日祭日は一〇〇人を超える来場者があり、大きな反響をいただいた。参考までに、これまでに開催した写真展を表（四三ページ）としてまとめさせていただいた。

これら多くの写真展が開催できたのも、田上元参事のおかげである。現在、田上氏は滋賀県樹木医会の会長を務めていらっしゃる。今回、本書を出版する旨を田上氏にお伝えしたところ、以下のようなお手紙をいただいたのでご紹介させていただく。

出版おめでとうございます。心よりお祝いを申しあげます。

「滋賀の名木を訪ねる会」のみなさんは、レイカディア大学園芸学科をご卒業後、滋賀県内の巨木を訪ねるボランティア活動を継続され、二〇〇四年には滋賀県と協働で「淡海の巨木探訪」という冊子をつくられ、翌年からその地域版である「湖北編」、「湖南編」、「東近江編」などの冊子を次々とまとめられました。きれいな写真と解説と巨木のある場所の地図の入ったこれらの冊子は大人気で、多くの巨木ファンが生まれるきっかけとなりました。

目的とする巨木にたどり着くだけでもたいへんなことですが、自分たちで工夫された測高機を使って樹の大きさを一本一本測り、写真を撮影し、いわれなどを調べるという作業は、途方もない時間と根気が必要で経費もかかります。

「滋賀の名木を訪ねる会」のみなさんの長年のご努力が、今回のすばらしい本の出版という成果につながったものと思います。そして、今後、この本が巨木のすばらしさ、大切さを人々に伝えるうえで、おおきな役割を果たすことになると思います。

私は、「滋賀の名木を訪ねる会」のみなさんの活動当初からご縁があり、お付き合いをさせていただいておりますが、私が所属する「滋賀県樹木医会」でも、衰退した巨木の診断・治療などのボランティア活動を行っており、今後ますます「滋賀の名木を訪ねる会」のみなさんと連携を密にして、滋賀県の巨木の保全活動を活発なものにしていきたいと思います。

滋賀県樹木医会　会長　田上　知

樹木医

樹木の診断・治療に関する知識をもった専門技術者で、1991年に林野庁の「ふるさとの樹保全対策事業」の一貫としてスタート。樹木医の資格を得るためには、（財）日本緑化センターが実施する樹木医試験に合格した後、同センターが実施する樹木医研修を受講して資格審査に合格する必要がある。2009年１月現在、全国の樹木医認定者は1730名で、滋賀県には20名いる。

「滋賀県樹木医会」（日本樹木医会滋賀県支部）では、行政から依頼された巨木の診断や並木の倒木危険調査を行うほか、一般の人々との巨木探訪ウォークなどのボランティア活動を行っている。

連絡先：日本樹木医会（http://jumokui.jp/）
滋賀県樹木医会（http://iiesse.blog56.fc2.com/）

43　巨木の写真展開催

滋賀の名木を訪ねる会　「巨木写真展」開催記録

2003年	
1月4日（土）～2月28日（金）	琵琶湖博物館
5月9日（金）～5月29日（木）	栗東市図書館
6月16日（月）～6月30日（月）	栗東市立治田東小学校
7月16日（水）～8月12日（火）	栗東市治田東公民館
8月17日（火）～8月31日（日）	大津市北部文化センター
10月17日（金）～10月31日（金）	八日市市図書館
2004年	
2月21日（土）～3月13日（土）	甲良町図書館
6月5日（土）～6月26日（土）	今津町ヴォーリズ資料館
7月10日（土）～7月25日（日）	草津市南草津図書館
10月9日（土）～10月23日（土）	多賀町図書館
10月16日（土）～10月30日（土）	甲賀町図書館
11月6日（土）～11月22日（月）	野洲市図書館
2005年	
1月20日（木）～2月10日（木）	びわ町図書館
4月1日（金）～4月30日（土）	近江町図書館（はにわ館）
6月15日（水）～6月30日（木）	竜王町図書館
7月15日（金）～7月31日（日）	永源寺町図書館
9月1日（木）～9月25日（日）	湖東町図書館
2006年	
2月8日（水）～2月25日（土）	甲賀市土山町歴史資料館
3月1日（水）～3月16日（木）	近江八幡市図書館
2007年	
2月3日（土）～2月25日（日）	ＪＲ木之本駅多目的ホール
3月22日（木）～4月8日（日）	日野町図書館
6月4日（月）～6月15日（金）	彦根市役所
2008年	
1月20日（日）～1月29日（火）	守山駅前観光案内所
4月19日（土）	びわこ地球市民の森
9月26日（金）～10月5日（日）	東近江市「てんびんの里文化学習センター」

11

美《び》松《しょう》山《ざん》のウツクシマツ

水谷　清治

国指定天然記念物

所 在 地　湖南市平松541
樹　　種　ウツクシマツ（マツ科）　樹高13m　幹周り2.8m
樹　　齢　300年（推定）
アクセス　電車　JR 草津線「甲西駅」下車、北口から美松台行き循環バス「美松台」下車、または同駅から徒歩約20分
　　　　　車　名神栗東 IC から国道１号経由で約20分
撮　　影　2004年１月

「ミゴマツ」または「美し松」と呼ばれている「うつくし松」、『東海道名所図会』や『伊勢参宮名所図会』（ともに一七九七年）に描かれ、東海道を旅する多くの旅人が平松の里に立ち寄って特異な樹形の松を土産話にするなど、古来より名松として広く知られてきた。もちろん、地元の松尾神社の御神木としても住民から敬われている。

平松の地名は、平安時代、病身の兵衛尉藤原頼平(*)が保養のためこの地に移り住み、京都の松尾神社から明神を勧請したところから「平松」の地名となったと伝えられている。

うつくし松は、主幹がなく一本の木の幹が地表部近くから多数枝分かれして、庭木の多行松によく似た箒《ほうき》状の特異な樹形をしていることから一九二一年に国の天然記念物に指定された。自生地は湖南市の美松山（二二七・六メートル）南東斜面のみであるが、現在は移植されて「三上・田上・信楽県立自然公園」内にもある。かつては二五〇〇本余りが自生していたが、松食い虫の被害などで枯れて、現在は樹齢一〇〇年以上から三〇〇年の樹が二〇〇本余りと補植した若木三〇本が植わっている。

古来より、うつくし松は多くの歌人に詠まれてきた。文化・文政の時代、平松の代官であった奥村亜渓とその妻志宇女は、うつくし松を題材にした知名士の歌を集めて『千歳集』を編集している。また、一九八一年に「びわ湖国体」が開催されたときには、植物学に造詣の深い昭和天皇がうつくし松の自生地へ行幸になって熱心に見学されている。

紅葉も花も及ばぬ深緑　これぞ近江の名に立てる松　（藤原忠美）

（＊）（1180～1230）平安時代から鎌倉時代にかけての公卿である藤原頼実（1155～1225）の次男。

12 弘法《こうぼう》スギ

藤林 道保

所在地	湖南市吉永472
樹　種	スギ（スギ科）　樹高26m　幹周り６m
樹　齢	750年（伝承）
アクセス	電車　JR草津線「三雲駅」よりコミュニティバス「ふれあい号」甲西南線市役所東庁舎行き「吉永」下車
	車　旧東海道三雲駅前より甲西駅方面に約1.6km
撮　影	2007年８月

奈良・平安時代以前から続いた流出土砂が堆積して、三雲風呂山《みくもふろやま》（五九六・一メートル）を流れる大砂川（大沙川）は天井川となった。

この地を巡行していた弘法大師は、この山地荒廃の惨状を悲しみ、巡行の途中、その土手に錫杖《しゃくじょう》を立て、土手で食事をした際に使った「杉箸」を堤に立てたところ、これが根付いて現在の大杉に成長したという伝説がある。(*)

その後、並立していた二本の杉のうち一本が洪水の際に倒れて失われたが、残る一本が現在にまで残るこの木であるという言い伝えのほか、二本とも朽ち果てたが、弘法大師の遺徳を偲んで里人が新しく植えたが、一七七三年の台風によってそのうちの一本が倒れて残ったのがこの木であるという言い伝えもある。

もう一つ、この木にまつわる言い伝えとして、この地に住む幼子の中に箸を左手に持つ子どもにこの木の枝でつくった箸を使わせると自然と右手で食事をするようになるというのもある。そのため、この木の下のほうにある枝はいつも切り取られていたようだ。

大砂川が旧東海道を横切る大砂川隧道《ずいどう》脇の小道を上ると、堤防に突き刺さったようにこの巨木がそびえている。その根元に、アルミサッシ製の立派な覆い屋に保護された祠があり、その中には弘法大師像が安置されている。供花と線香の香りが絶えず、地域に人々が弘法大師とこの樹をいかにあつく信仰しているのかが分かるとともに、幾多の風水害に耐え抜いてきたこの木の生命力に驚かされる。

(*)揚子杉の御詠歌「かじくどく楊子の箸に表して　助け賜ふとたのめもろ人」

13

岩附神社《いわつきじんじゃ》のスギ

所在地	甲賀市甲南町磯尾104
樹　種	スギ（スギ科）　樹高35m　幹周り5.6m
樹　齢	400年（推定）
アクセス	電車　JR草津線「甲南駅」より約4.5km、徒歩約１時間
	車　県道草津伊賀線竜法師交差点より約３km
撮　影	2007年８月

中嶋　賢吉

ＪＲ草津線甲南駅を南へ約一キロ、竜法師交差点を右折して新名神高速道路の高架をすぎて突き当たりの牧場を左折すると磯尾の集落に入る。そのすぐ左に、二叉杉で有名な岩附神社の鎮守の森がある。ここ甲賀市甲南町には杉の巨木が約一五本ほど確認されているが、その中でもこの杉は町内で二番目の太い幹をもっており、樹高は町内随一である。

近くに寄ってみると、地際で二本の幹に分かれているのがよく分かる。大きいほうが五・六メートルで、小さいほうが四メートルと、二本並んだ姿が実に壮観である。とくに根張りが立派で、二〇メートル近い根回りでふんばっている姿は長い年月を生き抜いてきた古木の迫力が十分だ。最近「夫婦スギ」と書かれた看板が立てられたが、二本の木が助け合って大きく生長してきたことに夫婦の絆を感じて命名されたのであろう。いつまでも、夫婦仲良く生きつづけてほしい。

甲賀地方は、太古の昔から大森林地帯であった。古墳時代から飛鳥・奈良・平安時代にかけて、都の建築に使う木材の一大供給地として知られていた。神社に残っているような大きな杉の良木がそこかしこにあったのだろう。

甲賀といえば「甲賀忍者」をすぐ思い浮かべる。竜法師交差点から約五〇〇メートルの所に「甲賀流忍術屋敷」(＊)がある。外観は重厚な萱葺きの民家で、甲賀武士五三家の筆頭格である望月出雲守の住居として元禄年間（一七世紀末）に建てられたと伝わっている。この中は実にさまざまなカラクリが施されており、平屋だが中は三層になっていたり、扉のどんでん返しがあったりと、外敵に備えたさまざまな仕掛けのある複雑な屋敷である。巨木見学ついでに、訪れてみるのも楽しいだろう。

（＊）甲賀市甲南町竜法師2331　TEL：0748－86－2179

14

岩《いわ》尾《お》池《いけ》の一本《いっぽん》スギ

滋賀県指定自然記念物

所 在 地　甲賀市甲南町杉谷3755－1
樹　　種　スギ（スギ科）　樹高15m　幹周り4.7m
樹　　齢　1200年（伝承）
アクセス　県道草津伊賀線竜法師交差点より約７km
撮　　影　2009年４月

中嶋　賢吉

岩附神社から西へ向かい、突き当たりを左折してしばらく行くと山道に入る。その山道を一キロほど行くと「滋賀県自然記念物」の看板があり、その先にある岩尾池の畔に一本杉が立っている。独立樹で、樹高は高くはないが枝を横に大きく広げている。池の満水期には近くの山影が池に映えて美しく、霧が立ちこめたときの杉の姿は幻想的でさえある。

木のそばに行くと、大きな根が池の中に無数に伸びていて、先のほうは池の底に入っているようだ。これでも生きることができるのかと、ちょっと不思議に感じる。幹の半分は朽ちており、あちこちに黒々とした炭化の跡があって、一見して火に見舞われたことが分かる。

古老の話によると、「この木の幹は煙突のように空洞になっていて、近くで焚き火をするとその火を根元の穴から吸い込むのだ」そうだ。三十余年前に火災に遭って、幹の中の火が消せなくてこの木の穴という穴をすべて田んぼの泥でふさいで消し止めたということもあったらしい。大きな枯れ枝もその枝ぶりはずいぶん暴れていて、身中の火炎にあがく断末魔の姿のようにも見える。

甲賀は、平安・鎌倉時代に天台密教が入って修験道が盛んだった。近くにある岩尾山（四七一・一メートル）や飯道山（六六四メートル）も修験道の山として知られている。修験者が厳しい修行をしながら彫ったと思われる、五メートルにも及ぶ不動明王像の磨崖仏が岩尾山の岩壁にある。永い歳月と風雪に耐えて残っている不動明王像に歴史を感じることができる。この地方は「山伏村」と呼ばれているが、その中でも甲南町竜法師・磯尾が有名で、多賀大社と関連があって諸国配札を行うとともに、売薬をはじめ近代以後の甲賀売薬業(＊)の発達に寄与した。

（＊）甲賀町の製薬会社では、戦前の早くから「うま印」のマークを登録商標として盛んに販売してきた。特に、東北地方では人気抜群であった。

15 油《あぶら》日《ひ》神社《じんじゃ》のコウヤマキ

藤林　道保

滋賀県指定自然記念物

所在地　甲賀市甲賀町油日1042
樹　種　コウヤマキ（スギ科）　樹高30m　幹周り6.4m
樹　齢　750年（推定）
アクセス　電車　JR草津線「油日駅」より約2.6km
　　　　　車　　新名神高速道路甲賀土山ICより約8km
撮　影　2007年10月

国の重要文化財に指定されている本殿を取り囲む透かし塀の内側に立ち、県内最大の幹囲をもつこの高野槇《コウヤマキ》は、名前の由来といわれる高野山の純林にも勝るもので学術的にも貴重な樹である。御神木とされるこの木は、ご神体を火災から守るために植えられたとされている（『甲賀郡誌』）。幹はまっすぐに伸び、上方で二分してるように見える。推定樹齢七五〇年とされるこの樹の下方の樹皮は剥落《はんらく》して白っぽく見えるが、葉は繁茂していて樹勢は衰えていない。

高野槇は、日本の特産種となっている一科一属一種の樹木である。材は耐水性に富み、風呂桶や流し板に重用されている。また、やや灰色を帯びた赤褐色で長い薄片となって剥がれる樹皮は桶などの水漏れ防止に用いられている。庭園樹や神社仏閣に植栽され、実生や挿し木で増殖されている。

油日神社は、ご祭神は猿田彦命《サルタヒコノミコト》、弥都波能売神《ミズハノメノカミ》であり、天地創成の母胎である「アブラ」に宿る「ヒ」（日、火、霊）の大御魂といただき、萬象根元《ばんしょうこんげん》の神、諸願成就の神、油の祖神と仰いでいる。この神社は、楼門とそれに連なる左右の回廊が国指定の重要文化財に指定されており、一一ヘクタールに及ぶ広大な境内林、一〇社に及ぶ境内社など、どれも神社の歴史を偲ばせるにふさわしいものである。

五月一日の「油日祭り」は国選択無形民俗文化財に指定されており、四月一四日の獅子の出初式を経て五月一日に祭礼を迎える。もう一つの例祭として、九月一三日に「お宮ごもり」が行われている。氏子をはじめ油業界、崇拝者から献上された油と灯明による千数百の燈明が夕刻から深夜までともされて豊作を祈願している。昔は回廊に蚊帳《かや》を張り、一晩中籠ったと伝わっている。

16 畑《はた》のシダレザクラ

今井 洋

所在地　甲賀市信楽町畑732地先
樹　種　シダレザクラ（エドヒガンザクラ）（バラ科）
　　　　樹高12m　幹周り3.7m
樹　齢　400年（伝承）
アクセス　電車　JR草津線「貴生川駅」から信楽高原鐵道終点「信楽駅」下車、バス20分
　　　　車　新名神高速信楽ICより国道307号信楽体育館前を右折して約13km、
撮　影　2006年4月

「都しだれ」と粋な名前で呼ばれるこの桜は、信楽町西部の畑の集落にある。近江にも平家落人伝説が何か所かあるが、ここ畑もその一つで、都落ちの際に桜を持って落ち延びたという言い伝えがゆえにこの名前となった。

この枝垂れ桜には「徳川家康隠密街道」の伝承もあり、畑で休憩してこの桜をめでたと伝えられている。家康は、関ヶ原の合戦以前に何度も近江を通って京都などを訪れている。近習だけを伴った移動は危険も多いので、一切が隠密のうちに行われた。人目を避けて主要道を通らず、間《かん》道《どう》から間道へと抜けることも多かったようだ。

枝垂れ桜は江戸彼岸桜から出た枝垂れ性の桜（エドヒガンザクラの亜種とされる）で、長寿としてよく知られている。この畑の桜は、二〇年ほど前に幹が空洞化して朽ちかけたのだが、地元の保存会の熱意と専門家の再生治療を経て今日のように見事に元気を取り戻した。

江戸彼岸桜は、どちらかといえばやや冷涼な土地が好みとされている。有名な神代桜《じんだいじざくら》（＊）、薄墨桜《うすずみざくら》（岐阜）、滝桜（福島）などは、ブナ帯林縁部の山麓といった所が多い。そういえば、滋賀県でもここ信楽は冷涼な土地柄であり、ほかに高島市今津町、鈴鹿山麓など涼しい所に江戸彼岸桜の巨木が多いのがうなずける。

今「桜」といえば染井吉野桜が常識になっているが、その最長寿は弘前城のもので二〇〇年には届かない。一方、江戸彼岸桜は神代桜の一八〇〇年とされており、卑弥呼の時代から生きつづけてきた。これこそ、真に日本を代表する桜なのではないかと思う。

（＊）山梨県北杜市武川町にある大津山実相寺（日蓮宗）の境内にあり、日本最古の桜として名高い。日本武尊が、東征の記念に植えたとされている。

17

玉桂寺《ぎょっけいじ》のコウヤマキ

水谷　清治

滋賀県指定天然記念物

所 在 地　甲賀市信楽町勅旨891
樹　　種　コウヤマキ（コウヤマキ科）
樹高　　左主幹31m、右主幹26m
幹周り　左主幹6.1m、右主幹3.5m
樹　　齢　1200年（伝承）
アクセス　電車　JR 草津線「貴生川駅」から信楽高原鐵道「玉桂寺前駅」下車、徒歩５分
車　　新名神高速信楽 IC から信楽方面に向かって約20分
撮　　影　2008年10月

信楽町 勅旨《ちょくし》にある真言宗玉桂寺は、奈良時代の七六一年に第四七代 淳仁《じゅんにん》天皇(*)の姉君である飛鳥田内親王の御願により創建された古刹である。

槇といえば普通は「犬槇《イヌマキ》」を指し、日本庭園によく植えられている。赤と緑の球が二つくっついたような実を付け、赤いほうは甘くおいしく食べられる。樹名の「犬」は役立たずの意味をもつ接頭語で、木の名にはよく使われている。

ところで、犬槇に対する本槇《ホンマキ》が高野槇なのである。銀杏と同じく中生代に繁栄して北半球に広く分布していたが、次第に植生域を狭めて日本の高野山周辺にのみ自然林として生き残ったものが日本特産と称され「高野槇」と呼ばれるようになった。

さて、当寺の高野槇は、山門を入って本堂に至る参道石段の中段あたりに群生しているのが見られる。寺伝によれば、弘法大師が八一五年に淳仁天皇の冥福を祈るために同寺を訪れたとき、自らお手植えをした霊木である。

推定数百年の年輪を重ねて鬱蒼《うっそう》と繁っている高野槇、そのすごい生命力は筆舌に尽くしがたい。参道の両側には親木の大株がそれぞれ一株あって、それを囲むように子株が空に向かって林立しており樹下は昼間でも薄暗い。石段を上りながら林立する高野槙を眺めると誠に壮観であり、厳かな雰囲気が伝わってくる。これだけの巨樹を含む群生地は、ここをおいて他に類を見ない。

この群生の成り立ちについては、親株の種が育って円状に繁殖して世代交代をつづけたという説と、親株の下枝が地に着き、根を生やして次々と新株として繁殖したという説がある。実生説と取木説だが、現場でじっくり眺めてみると樹形などから両方ではないかと思われる。

(*)(733～765) 第47代天皇。古文書では、「廃帝《はいたい》」または「淡路廃帝《あわじはいたい》」と呼ばれる。

18 天神神社《てんじんじんじゃ》のスギ

所在地　甲賀市信楽町勅旨485
樹　種　スギ（スギ科）　樹高30m　幹周り6.3m
樹　齢　600年（推定）
アクセス　電車　JR草津線「貴生川駅」から信楽高原鐵道「玉桂寺前駅」下車、徒歩５分
　　　　　車　新名神高速信楽ICから信楽方面に向かって約20分
撮　影　2003年６月

水谷　清治

奈良時代、第四七代淳仁天皇は、七六一年に甲賀市信楽町勅旨《ちょくし》の地に保良宮《ほらのみや》を造営して遷都した。翌年二月二八日、勅願によりこの地に大巳貴命《オオナムチノミコト》と高皇産霊命《タカミムスビノミコト》の二神を祭祀して保良天神宮の社殿を建立し、それ以来紫香楽八ヵ村の総鎮守として隆盛をきわめた。その後、淳仁天皇が崩御したことを知った村民が天皇を慕って七六五年一二月に帝の霊神を合祀したとの由緒が残っており、今は天神神社となっている。

この天神神社へは、紫香楽宮跡から雲井に入って旧道をたどっていく。ここからは一・五キロほどの道のりだが、この田舎道が何となく楽しくまた懐かしさを感じさせる小道となっている。家々の垣根がつづき、各屋敷にはよく手入れされた庭があり、畑地を伴ったそこには季節ごとの色とりどりの花が咲き乱れて住む人々の心の豊かさが伝わってくる。

天神神社に着いて、境内の参道を本殿へ三〇メートルほど進んだ右脇に、こんもりと繁った樹齢推定六〇〇年の杉の御神木がある。根元は竹矢来《たけやらい》の垣根で保護され、その上に注連縄《しめなわ》が張られている。この大杉は、地上約五メートルの所から双幹となっているが、そこに落雷があって裂けてしまったため、これ以上広がらないように高さ六メートルぐらいの所にワイヤーで双方の幹を結び付けて保護している。

当社は南北朝時代の兵火により社殿が消失して一三三二年に再建されたが、そのときに境内林として植栽された杉が生長して一本だけ残ったのがこの巨木と言い伝えられている。喜撰法師(*)が古今和歌集で「杉立てる門」(私のすまいを訪ねて欲しい意)と詠んでいるが、この杉も参拝者を数百年待ちつづけているのだろうか。

(*)生没年未詳。平安時代の僧・歌人。六歌仙の一。宇治山(山城国)に住んでいたこと以外は不明とされている。

19

大福寺《だいふくじ》のシダレザクラ

［別名・徳本桜］

増田　泰男

所在地　甲賀市甲賀町岩室517
樹　種　シダレザクラ（バラ科）
　　　　樹高６ｍ　　幹周り1.7m、1.3m（二叉）
樹　齢　200年（推定）
アクセス　電車　JR草津線「甲賀駅」から市循環バス「里駅」下車徒歩約0.5km
　　　　車　国道１号線草津方面より、土山の頓宮交差点右折して約５分
撮　影　2006年４月

甲賀の岩室は、北に野洲川、中央部を南から北へ和田川が流れていて、土山町に隣接する地区である。東海道が近く交通の便がよかったことから、天智天皇が都を大津に移したとき、甲賀牧や頓宮牧（七一ページ参照）が置かれて人的、物的交流の拠点となった。正応年間（一三世紀末）、岩室長俊が地頭としてこのあたりを領有したときから「岩室荘」といわれるようになった。

大福寺は岩室氏の古道場として開かれ、一六四二年、知恩院三七代の管長阿心上人によって再興された。本尊は阿弥陀如来像で、寺宝として平安末期から鎌倉初期の作と見られる檜材一木造りの半金色像の「聖観音立像」があり、国の重要文化財となっている。寺伝では、運慶の作としている。

枝垂れ《シダレ》桜《ザクラ》は本堂前の墓地の横にあり、樹高はおおよそ六メートルと高くはないが、幹が根元から二叉に分かれ、その枝が大きく広がって約一五メートル四方へ伸びている。枝を支える支柱が多く施され、花の咲く春には提灯も灯されて多くの観光客で賑わっている。

この桜が「徳本桜」と呼ばれるのは次のような謂《いわ》れによる。江戸時代、和歌山日高郡志賀の庄に生まれて二七歳で仏門に入った念仏行者の徳本《とくほん》上人（＊）は、近畿、東海、北陸、信州、関東と日本各地を行脚して、「南無阿弥陀仏」を木魚と鉦を激しく叩いて唱えて民衆に清貧《せいひん》の生き方を説いて回った。一八〇六〜一八一一年ごろに日野地区からこの地に入ったとき、信者により「徳本講」が結成されて、そのときの記念としてこの桜が植えられた。上人の没後も一〇〇年ぐらいは、その念仏講が全国各地で行われたようだ。上人の徳を偲び、いつしか人々はこの桜を「徳本桜」と呼ぶようになったという。

（＊）（1758？〜1818？）江戸時代後期の浄土宗の僧。

20 泉福寺《せんぷくじ》のカヤ

廣瀬 忠三郎

所 在 地　甲賀市水口町泉562
樹　　種　カヤ（イチイ科）　樹高18m　幹周り4.6m
樹　　齢　400年（推定）
アクセス　電車　JR草津線「三雲駅」より国道１号の泉西交差点へ、旧東海道を経て約1.9km
　　　　　車　　国道１号泉西交差点より旧東海道を経て約１km
撮　　影　2008年10月

ＪＲ草津線三雲駅から国道1号に出て野洲川に架かる横田橋を渡り、五〇〇メートル先の泉西三叉路を右へ進むと「旧東海道横田渡と常夜燈」（滋賀県指定文化財）がある。江戸時代に野洲川は「横田川」と呼ばれており、この渡しは「東海道十三渡し」に数えられる難所であるとともに名所図会などにも記載がある有名な船渡し場であった。幕府は、戦略上通年架橋を許さず、三〜九月は船渡し、一〇月〜二月は水路上に仮土橋を設けて通行させていた。夜中でも多くの往来があり、危険な場所で事故も多かったため、村人が一八〇八年に旅人の目印として道中最大級の常夜燈（高さ一〇・五メートル）を建てた。

旧東海道に戻って街道から少し左に入ると、「泉福寺」と「日吉神社」がある。隣り合わせの境内は、昔の神仏習合の名残と思われる。お寺の山門をくぐると巨大な楠《クスノキ》が目につくが、その左側に榧《カヤ》の巨木が超然と立っている。楠より低いが幹周りはあまり変わらない。同じころに植樹されたのではないかと思われる。文献によると本堂再建が一六〇五年となっているので、その記念として楠と榧が植えられたと推察できる。榧の樹形が途中より細くなっているのは、落雷か何かの理由で損傷があったのではないかとも思われる。

榧には、矮鶏榧《チャボガヤ》、左巻榧《ヒダリマキガヤ》、小粒榧《コツブガヤ》、裸榧《ハダカガヤ》などの種類がある。イチイ科カヤ属に入り、常緑照葉樹林の中に散在することが多い。一般的には社寺の境内に植えられていることが多く巨木もあるが、山林では巨木は少ない。榧の材質は加工がしやすく保存性もよい。大木の中心部は節のない柾目で、油気が多く弾力性があるので碁盤に適している。というのも、碁石を打っても肩が凝らないし、凹みは元に戻るという特性があるためだ。

21 高塚《たかつか》のムクノキ

所在地	甲賀市水口町高塚３
樹　種	ムクノキ（ニレ科）　樹高21m　幹周り５m
樹　齢	200年（推定）
アクセス	電車　近江鉄道本線「水口石橋駅」より約1.1km
	車　国道307号山川橋交差点より約0.8km
撮　影	2003年６月

廣瀬　忠三郎

この椋《ムクノキ》の木が生育している高塚地区は現在の水口《みなくち》町のはずれにあたり、舗装されて立派な道がついている野洲川の堤防の路傍に見事な樹冠を保っている。昔は旧東海道の水口宿の東側に位置し、水口城からは美しい景色であったのではないかと想像できる。

椋の木や榎《エノキ》は神が宿る樹といわれ、道の分岐や集落の入り口に植樹されていた。江戸から都へ上ってくるときに、水口宿の入り口として位置していたのではないかと想像できる。

この椋の木の根元には、白蛇が祀られている祠がある。白蛇は、古来より神の化身として古くから畏敬《いけい》の対象とされてきた。水や木の上も自在に動き回り、色は穢《けが》れなき清らかな白で縁起がよく、さらに脱皮することで死からの再生や不死をイメージされて崇められたようである。野洲川沿いという場所からすると、龍神信仰と同じく水難除けの「水の神」として祈願されたのではないかと類推できる。

椋の木は、ニレ科ムクノキ属の落葉高木で雌雄同種である。樹皮は淡灰褐色で縦に割れて薄片状にはがれるが、老木になると鱗片になってはげ落ちる。別称として、ムクエノキ、ムク、モク、モクノキともいわれる。ムクロジ科のムクロジのほうが「ムク」または「ムクノキ」といわれることもあるので注意する必要がある。国内では関東以南沖縄までに生育する落葉植物で、家の防風林としてよく植えられている。海外では、東アジア、インドシナにかけて多く生育している。

枝を横に広げた椋の木の姿を都会ではほとんど見なくなったが、昔は人里近くにあってその甘い実が子どもたちに喜ばれた。材質は強靭で、天秤棒などに利用され、葉はザラザラしているので木地やベッコウなどの研磨用として重宝された。

22

白川神社《しらかわじんじゃ》のスギ

堀　多喜男

所在地　甲賀市土山町南土山261
樹　種　スギ（スギ科）　樹高30m　幹周り3.4m
樹　齢　300年（推定）
アクセス　電車バス　JR 草津線「貴生川駅」よりバス「土山支所前」下車約１km
　車　国道１号の土山支所前を南へ行き、旧東海道を東へ約0.5km
撮　影　2005年10月

最近一段と大きくなったように見える白川神社の大杉である。私の住まいから二〇〇歩の近くにあり、子どもたちの絶好の遊び場として、夏涼しく冬凌ぎやすい公園代わりの境内の真ん中にそそり立っている。近寄りがたい威厳をもって、あたりを睥睨《へいげい》しているように見える。

幹の根元が大きく二つに分かれていて大きな穴が開いており、キツネかタヌキが住んでいるそうだ、いや白いヘビを見たことがあるなどと想像を巡らしながら、かつて中を覗いたり手を入れてみたりもした。そのうち、穴の中に小さな石の地蔵さんが設けられてお供え物などが置かれるようになり、遊んだあとに前を通るとちょっと手を合わせたりもした。

時代は移り、町並みも変わり、高速道路がすぐそばを通ることになっても大杉は生長をつづけた。そのため、足元の地蔵さんは次第に大木の股に包み込まれてしまい、今は完全に外から見えなくなってしまった。

白川神社は、東海道の土山《つちやま》本陣から東二〇〇メートルの所に位置する。主祭神は速須佐之男《ハヤスサノオノ》尊《ミコト》、天照大神《アマテラスオオミカミ》、豊受大神《トヨウケノオオカミ》で、社名は「天王社」「祇園社」などと呼ばれているが、地元ではもっぱら「てんのんさん」で通っている。たびたび大火に見舞われ、現在の神殿は一八六三年に再建されたといわれている。

毎年八月一日の例祭には花奪いの祭りが執り行われ、町内の各字《あざ》から出された趣向を凝らした献上の花飾りを、警護役の振りかざす青竹の殴打をかいくぐって供物を奪いあう「はなばい」という荒行事が連綿とつづけられている。今年もまた、その巨木の下で繰り広げられる荒々しい神事や御神輿の渡御を、地域の平穏と住民の健勝を祈りながら頼もしく見守ってくれることだろう。

23

田村神社《たむらじんじゃ》のスギ

堀 多喜男

所在地	甲賀市土山町北土山469	
樹種	スギ（スギ科）　樹高27m　幹周り4.8m	
樹齢	700年（推定）	
アクセス	電車バス	JR 草津線「貴生川駅」からバス「田村神社」下車約0.5km
	車	国道１号あいの土山道の駅の北側が田村神社で約0.5km
撮影	2008年10月	

一六〇〇年、徳川家康が会津藩の上杉家討伐のために石部の宿に宿泊していた。豊臣秀吉の奉行で水口城主の長束正家《なつかまさいえ》(＊)が水口の牛ヶ淵に仕掛け（落とし穴）を施した茶室を新築し、家康を招待して亡き者にしようとした。土山宿から来て働いていた孫市という大工がそれを知り、夜中に抜けだして事の次第を土山の村役人に伝えた。これを聞いた家康は即座に石部を発ち、水口には寄らずに土山宿で朝食をとって関へと向かった。一命を救った土山宿は家康から「年貢納め勝手」という恩典が与えられたが、そうもいかないと思った村衆が年貢の軽減を願い出たところ、それ以外にもさまざまな恩典を与えられた。その特権は、幕末までつづいたそうである。

「坂は照る照る鈴鹿は曇るあいの土山雨が降る」とよくいわれるが、それは土山は三方が川で雨が降るとすぐに増水して川止めとなり、旅人を困らせたからである。江戸時代に入って宿場町として栄え、本陣、脇本陣、控え本陣があり、問屋場が二か所、旅籠屋は四四軒もあり、その間に屋号をもつ商家が軒を並べていた。今でも土地の老人は、家の名を「楊枝屋」「大黒屋」「種屋」「団扇屋」「瓢箪屋」などと屋号で呼ぶことが多い。

このような古い歴史をもつ東海道の宿場町の東部に田村神社がある。その広大な境内の参道脇にある大きな赤銅の神馬の横にひときわ大きな杉が屹立《きつりつ》している。注連縄《しめなわ》をつけて天空に突き刺さるように大きく伸びた巨体は、あたりを払い、まさに神社の中心的な存在となっている。

毎年二月一七日～一九日の三日間にわたって例祭が行われ、境内にある御手洗川へ節分の豆を自分の年の数だけ落とすとその年の厄からのがれられるという。また、七月二五～二七日には純白の提灯による万灯祭が行われ、広く近県一帯から信者の納涼を兼ねた参拝がある。

（＊）(1562？～1600) 安土桃山時代の官僚・大名。当初、丹羽長秀に仕えたが、豊臣秀吉の奉公衆に抜擢されたのち豊臣政権の五奉行の一人となる。

24 加《か》茂《も》神社《じんじゃ》のスダジイ

堀　多喜男

所在地　甲賀市土山町青土1049
樹　種　スダジイ（ブナ科）　樹高10m　幹周り5.4m
樹　齢　500年（推定）
アクセス　電車バス　JR草津線「貴生川駅」よりあいくるバスの「近江土山駅」で下車。大河原線に乗り換えて「青土口駅」すぐ。
車　国道1号の甲賀市土山支所前交差点より北へ約4km
撮　影　2009年4月

甲賀市役所土山支所脇の大灯篭から北へ四キロほど行った山間の地である青土に加茂神社はある。当地は早くから開け、中世には頓宮牧(＊)に属していた。一五二一年、飯塚安斎入道という人物が山城の国加茂よりこの地に来て土地を開き、村の神として祀ったといわれている。

どこからともなく野鳥によって運ばれてきた一粒の椎《シイ》の実が加茂神社に芽生えて育ち、今日御神木となった。約五〇〇年の間、天空を覆い尽くすように昼間でもあたりがほの暗く見えるほど枝を八方に広げて元気に繁茂している。秋には実を付け、今なお力強く生き抜いている矍鑠《かくしゃく》たる老木である。

「雷よけの加茂神社」といわれるように、この土地には落雷が少なくその被害がほとんどない。氏子たちは、椎の小枝を持ち帰って家庭の神棚に供え祭ることで落雷の難を免れているが、その御利益が口伝えで広まり、遠方からも椎の小枝を受けに来る人が多い。

太鼓踊りも有名である。毎年一〇月八日の例祭に奉納され、一五二六年ころから農耕民族として欠くことのできない豊作祈願や雨乞いの踊りとして、また民衆の娯楽として連綿とつづけられている。氏子の長男が、先輩や長老の指導のもと、太鼓踊りや踊り歌を体伝え口伝えで二〇晩近く練習に励み、当日に備えている。踊り歌は、踊り呼び出し歌、前歌、神事踊、世の中踊、大神学踊、家方踊、お寺踊、小神学踊、大黒踊、御殿踊、御船踊があり、現在すべて昔のままに歌い継がれている。

椎の御神木が太鼓踊りの音とともに氏子全員の平穏を守護しつつ、いつまでも繁茂長生をつづけて地域の繁栄を見守ってくれるだろう。

（＊）鎌倉時代の郷村制による荘の名前。頓宮氏は、土山の有力豪族であった。

冊子「淡海の巨木探訪――全県編」の刊行

二〇〇四年三月、県庁の林務緑政課の田上《たがみ》知《さとる》参事（当時）から協力依頼があり、「淡海の巨木探訪――全県編」（編集：滋賀の名木を訪ねる会・滋賀県琵琶湖環境部林務緑政課、発行：滋賀県琵琶湖環境部林務緑政課）を発刊することになった。滋賀県内で巨木のガイドマップをつくるというのは県としても初めてだったようで、刊行するやいなや大きな反響があり、またたくまになくなってしまった。

これがきっかけとなってテレビ・新聞社からも取材が多数舞い込み、会としてはたいへん嬉しい出来事となった。読売新聞（二〇〇四年四月二一日）の「ひとひと近江」欄で紹介されたのを皮切りに、ＮＨＫが一二月に『おうみ発６１０・環境こだわり倶楽部』でも紹介してくれた。そして、翌年（二〇〇五年）五月にも同番組で「巨木を訪ねる」というテーマで新たに会の活動が紹介され、その番組が翌六月には『ぐるっと関西・おひるまえ』において関西一円でも放映された。

「会」の結成当初目標とした、社会が認めてくれるような「会」にしたいという思いが、ようやくここに来て達成されたように思った。こうなってくると、会の活動がますます活発になってくる。みんなで相談をして、ガイドマップ「淡海の巨木探訪」の第二号を発行しようと考えだしたのだ。

ちょうどそのころ、県が「みんなで始めよう森づくり活動事業」というテーマで一般公募をしはじめた。すぐさまそれに応募をし、運よく採用されたこともあって、二〇〇七年二月に「淡海の巨木探訪——湖北編」、同年一〇月に「淡海の巨木探訪——湖南編」、そして二〇〇八年一〇月には「淡海の巨木探訪——東近江編」を発行することができた。

これらすべては、現在残部がないため今はお配りすることはできないが、県のホームページでは見れるので、ご興味のある方はご覧になっていただきたい。もしくは、本書を熟読することでその代わりとしていただければ幸いである。

パンフレット「淡海の巨木探訪」

25 青根天満宮《あおねてんまんぐう》のスギ

脇坂　照子

所在地　近江八幡市船木町1570
樹　種　スギ（スギ科）　樹高34m　幹周り5.5m
樹　齢　400年（推定）
アクセス　電車　JR 琵琶湖線「近江八幡駅」からバス「日牟礼八幡宮」。そこから約１km
　　　　車　国道８号東川交差点から県道326号大房交差点より約0.6km
撮　影　2008年５月

日牟禮八幡宮《ひむれはちまんぐう》から右手に八幡山ロープウェーの乗り場を見て、さらに一キロほど行くと左手に大きな煙突が見えてくる。旧中川煉瓦製造所が赤レンガを製造したホフマン窯跡の煙突である。大正の中ごろから昭和四〇年代まで稼動し、多いときは年間三〇〇万個の赤レンガを焼成していた。ホフマン窯はわが国におけるレンガ製造の最盛期を担った工業プラントであって、一九五〇年ごろには全国で約五〇基あったとされる。現在、その内の四基が残っているが、ここのホフマン窯が最大である。これからも、近代化遺産として保存してほしいものだ。

鶴翼山《かくよくざん》（通称・八幡山、二七一・九メートル）の麓、小高い山中に青根天満宮がある。椋の木《ムクノキ》や檜《ヒノキ》などの木立の中の石段を上りつめると、正面の本殿横に圧倒されるような杉の巨木がそびえている。石段を上った目線で見るせいか、今にも巨木が倒れてきそうな錯覚すらする。すべすべとした赤茶色の樹皮が美しい。杉が巨木になると赤い樹液を出しているのをよく見掛けるが、そのような現象なのだろう。

枝がきれいに剪定されているためか樹高が実際よりも高く感じる。立派な社殿と大きな拝殿に杉の巨木が壮観であり、厳粛な感じがする。たぶん、この木の天辺《てっぺん》からは近江八幡の街並みが一望できるのだろう。時代とともに変わる風景の違いを日々見てきたのであろう。社歴では三度の火災があったようだが、よくその災難から逃れることができたものだ。

青根天満宮の祭神は菅原道真(*)で、もとは「青根天神・船木天神」と称し、社坊を「香梅寺」といった。火災後、一六三〇年に再建されたのだが、香梅寺は再建されていない。船木の山中に散乱する多数の石仏や五輪塔は、当時の墓地の跡地と見られている。

(*)（845〜903）平安時代の学者、漢詩人、政治家。宇多天皇に重用され昇進し、醍醐朝では右大臣。左大臣藤原時平に讒訴《ざんそ》され、大宰府へ左遷され現地没。

26

日《ひ》牟《む》禮《れ》八幡宮《はちまんぐう》のエノキ

竹山　芳子

所在地　近江八幡市宮内町２
樹　種　エノキ（ニレ科）　樹高14m　幹周り3.5m
樹　齢　300年（推定）
アクセス　電車　JR琵琶湖線「近江八幡駅」下車、近江バス「大杉町」下車徒歩５分
　　　　　車　名神竜王ICから20分
撮　影　2008年５月

日牟禮八幡宮の鳥居をくぐって白雲橋を渡ると、右手にたねやが経営する「日牟禮の舎」があり、その建物のすぐ前、石垣の上に注連縄《しめなわ》の張られた榎《エノキ》の古木がある。樹齢三〇〇年、日牟禮八幡宮の御神木ではないが、一〇年前に日牟禮の舎が建設される際、神社の境内にある古木だから……ということで注連縄が張られ、根元に四季折々の珍しい山野草を植えたりして手厚く保護されている。

四、五月、新緑の芽吹きとともに淡黄褐色の小さい花を開き、秋には黄葉した葉のかげに赤い実を結んで周りの景観に風情を添えている。

日牟禮の舎のすぐ南側にある八幡堀は、豊臣秀次(＊)が築城の際に外堀の役目とともに、琵琶湖を往来する船の運河としての役割も兼ねて掘られた。昭和初期まで水運が盛んで、新町浜に陸揚げされた荷物は馬車によって各地に配達された。そのころは仲屋町通りが幹線道路で、ボンネットバスや荷物をいっぱい積んだ馬車が頻繁に往来していたようだ。

八幡堀は、また裏側の町並みもきれいである。往時の繁栄を偲ばせる土蔵群、屋敷から堀へ下りる石段、石垣、石畳などの醸しだす景観は、ちょっと視点を移すだけで絵になるアングルが多く、最近はカメラマンやスケッチをする人たちで賑わっている。

日牟禮八幡宮の馬場も、一九五五年ごろまでは太鼓祭りの縁日には馬駆け（競馬）があったほか、相撲やサーカス、見世物などといった興行があって、夜店、昼店で賑わったものである。今は駐車場となり、すっかり様変わりしてしまった。その移り変わりを見てきた榎、今は「たねや」に来られるお客さんを出迎えている。

（＊）(1568〜1595）秀吉の養子となり関白職まで昇るが、1593年、秀頼が生まれたため秀吉と不和になり、謀反を疑われて高野山に追放のうえ切腹。

27

日《ひ》牟《む》禮《れ》八幡宮《はちまんぐう》のムクノキ

所在地　近江八幡市宮内町257
樹　種　ムクノキ（ニレ科）　樹高25m　幹周り4.1m
樹　齢　250年（推定）
アクセス　電車　JR琵琶湖線「近江八幡駅」下車、近江バス「大杉町」下車徒歩５分
　車　名神竜王ICから20分
撮　影　2008年５月

今井　洋

「ひむれ」とは珍しい言葉であるが、二七五年、応神天皇行幸の際に当地で日輪の輪が二つ見えたので瑞光《ずいこう》とされ、ここに祠を建てて「日群之社《ひむれのやしろ》八幡宮」と名付けられたことが始まりとされている。数百年が経ち、持統天皇の時代に権勢をふるった藤原不比等（＊）が参拝し、「天降《あまくだ》りの神の誕生の八幡かもひむれの杜になびく白雲」と詠んだ歌にちなんで「比牟禮社八幡宮」と改められたと伝えられている。現在の「日牟禮八幡宮」となったのは昭和になってからである。

昔の八幡山は「法華峰《ほっけほう》」と呼ばれ、ここに宇佐八幡宮が勧請されたのは九九一年、一條天皇の勅願によるといわれ、「上の社」八幡宮が祀られた。麓の現在地に遥拝の「下の社」が建てられたのは一〇〇五年のことである。

時は下って一五九〇年、豊臣秀次が法華峰に八幡城を築くために上の社を麓の比牟禮社に合祀し、代替地として南西の小山である日杉山《ひすぎやま》（観音山）に新しく建造して祀る予定とされた。ところが、まもなく秀次は切腹となり廃城の憂き目にあったため、日杉山の神社も日の目を見ることなく現在の一社となったという経緯がある。

この日牟禮八幡宮には、二つの大きな火祭りがある。三月の「左義長祭」と四月の「八幡祭り（松明祭り）」である。社の楼門の右手に大きく育った椋《ムクノキ》の木が、この木の特徴であるしっかりした板根を備えて広場に広がっている。二つの祭りはすでに数百年を超える歴史があるので、椋の木は人々の熱狂の息吹を数百回も繰り返し目の当たりにしてきたことになる。幸い、巨幹は石垣の上で人の近づきにくい一角に生長している。近江商人の守護神として常に崇敬を集めてきた日牟禮八幡宮とともに、今後も末永く八幡の街を見守りつづけてほしい。

（＊）（659〜720）飛鳥時代から奈良時代初期にかけての公卿。天智天皇の寵臣で、藤原鎌足の次男。

28 賀《か》茂《も》神社《じんじゃ》のスギ

今井　洋

所在地　近江八幡市加茂町1691
樹　種　スギ（スギ科）　樹高24m　幹周り4.6m
樹　齢　350年（推定）
アクセス　電車　JR琵琶湖線「近江八幡駅」または「篠原駅」より近江鉄道バス「加茂」下車、徒歩10分
　　　　　車　国道８号近江八幡東川交差点西へ入り、朝鮮人街道経由加茂町へ約３㎞
撮　影　2008年10月

賀茂神社がある近江八幡市加茂町は、かつては「蒲生郡岡山村加茂」と呼ばれていた。岡山は湖岸の「水茎の岡《みずくきのおか》」のことで、万葉集（巻一二、三〇六八）に「水茎の岡の葛原吹きかへしころも手うすき秋の初風」（藤原定家）などと詠まれ、古来名勝の地であった。

遡ること一三〇〇年余、天智天皇が大津に都を定められたときは、このあたりの草原で男は馬の調教を兼ねて小動物の狩りを行い、女は薬草を刈っていたので「御猟野《みかりの》」と呼ばれていた。七三六年、聖武天皇がこの地に京都の上・下両賀茂神社の祭神を勧請されて賀茂神社を創建した。こんな経緯から上賀茂神社の競馬（馬かけ）とも縁深くつながり、爾来《じらい》馬の伝統を一〇〇〇年以上にわたって伝え、全国随一の馬事守護神社となっている。

年初には、「馬・競馬・乗馬」の安全祈願大祭が行われている。また、五月初めに行われる競馬は当社のハイライトで「足伏走馬《あしふせそうめ》」と呼ばれている。この神事は、日本の競馬の原点である宮中の競馬の形態を受け継いでいるといわれている（神社の栞による）。

御神木の杉は、拝殿の左前にでんと構えて立っている。これほど荒々しい深い幹肌を見せる杉も珍しい。「大杉大明神」と呼ばれて神として崇められているが、白蛇が棲んでいるともいわれ、これを見ると幸せになるという言い伝えがある。立札の説明によると、内部は空洞化が進んでいるようである。空洞が大きくなると、横揺れ支持力が劣って倒れやすくなる。外周はここ数十年ほとんど変わっていない状況がつづいているが、長命を祈りたい。

なお、境内には県下で有名な「連理《れんり》の榊」も生育している。(＊) 連理は白楽天の長恨歌に「天にあっては比翼の鳥、地にあっては連理の枝」と歌われ、仲睦ましいたとえの代表とされている。

（＊）一本の木の幹や枝が他の木の幹や枝と連なって木目が通じあっていること。縁結びの御神木として、多くの人がお参りに来ている。

29 観音正寺《かんのんしょうじ》のスギ

所在地　蒲生郡安土町石寺２
樹　種　スギ（スギ科）　樹高25m　幹周り4.5m
樹　齢　300年（推定）
アクセス　電車　JR 琵琶湖線「能登川駅」下車、バス「観音寺口」より徒歩40分
　　　　　車　東近江市五個荘石馬寺・蒲生郡安土町上出から各々林道で途中まで車可
撮　影　2008年７月

野口　勇

西国三十二番札所観音正寺は、繖山《きぬがさやま》（別名・観音寺山、四三三メートル）の山腹にひっそりとたたずんでいる。繖山という名は、貴人にさしかざす衣蓋《きぬがさ》のようにふんわりとして美しい山容から名づけられたといわれている。

寺伝によると、聖徳太子がこの地に来臨された折に湖中より人魚が出て、「我、前世の業によりこの身を受けたり。願わくはこの地に伽藍を建立し、わが身を度せしめん」と乞い願ったところ、太子自ら千手観音の像を刻んで堂を建立（六〇五年）したといわれている。以来、太子が近江国に創建した一二か寺中随一の寺院として勢威をふるってきたが、応仁・文明の乱に守護職の佐々木六角氏(*)がこの山に居城を築いたため兵乱が絶えず、堂塔が山上から山麓に移された。そして、織田信長が佐々木六角氏を滅ぼしたのち、一五九七年に再び山上に戻されるという苦難の道をたどった。

前述の人魚のミイラも保存されていたが、一九九三年五月二二日の火災で本堂とともに焼失してしまった。その歴史を見つづけてきた大杉は本堂の前にそびえ立っているが、幸い焼失を免れ、静かに往時を語りかけるように眼下の蒲生野を見下ろしている。

二〇〇四年五月、焼失以来一一年の歳月をかけて本堂が再建されて落慶法要が営まれた。新本尊は「総白檀千手千眼観世音菩薩丈六座像」で、インド政府の特別の許可により白檀二三トンを輸入して彫像された。光背に人の手の肘から指先までの大きさの千本の御手をもつ観音像が、大杉とともにいつでも温かい眼差しで迎えてくれる。そして、今も元気で上り疲れた参拝者に一服の涼風を与えつづけている。

（*）近江源氏と呼ばれた佐々木氏の四家に分かれた家のうちの一つで、鎌倉時代より守護として南近江一帯を支配していた。京都の六角堂に屋敷があった。

30 奥石神社《おいそじんじゃ》のスギ

所 在 地　蒲生郡安土町東老蘇1615
樹　　種　スギ（スギ科）　樹高30m　幹周り4.9m
樹　　齢　400年（推定）
アクセス　電車　JR 琵琶湖線「安土駅」下車。タクシー約10分
　　　　　車　　名神竜王 IC より約20分
撮　　影　2004年１月

今井 洋

老蘇《おいそ》の森の奥深くに奥石神社は鎮座している。旧中山道から石の鳥居をくぐり、杉の大木が並ぶ参道を一〇〇メートルほど進むと社殿が立ち並んでいる。玉砂利が敷かれた境内は森閑とした別世界をつくり、新幹線や国道8号の騒音も遠ざける不思議な空間となっている。

老蘇の森の正面には繖山《きぬがさやま》（四三三メートル）が間近に迫るが、ここ奥石神社は繖山を御神体として祀っていたといわれる。岩座や巨石を信仰し、その霊山を御神体として麓には拝殿だけが立っていた。奈良の三輪山などにその原型を見ることができる。

奥石神社本紀によると、昔この地は湿原で人が住めなかったので、今から約二三〇〇年前の孝霊天皇の御世、住人の石邊大連《いしべのおおむらじ》翁が神勅《しんちょく》を仰いで松・杉・桧の苗を植えて祈願したところ、たちまち生い繁って大森林になったという。また、この石邊大連翁は百数十歳を生き、なお矍鑠《かくしゃく》として壮年を凌ぐほどであったので「老蘇」（老が蘇る）といわれ、この森を「老蘇の森」と呼ぶようになった。大連はこのことを喜び、社殿を築いたのが奥石神社の始めと伝えられている。

奥石神社は平安時代以降広く知られた歌所であるとともに、ホトトギス（郭公）の名所としても知られていた。老蘇の森と郭公や思い出を掛けて詠んだ歌を紹介しておこう（『鈴屋集』巻二より）。

夜半ならば　老蘇の森の郭公　今もなかまし　忍び昔のころ　（本居宣長）

古来、老蘇の森につづく蒲生野の北部山麓には広大な森林が広がっていた。交通路に分断されたものの、今なお山麓に大きな鎮守の森として残るのは奥石神社のみである。樹齢が数百年を数える大木が多い中でこの大杉は泰然としてそそり立ち、王者としての風格を保ちつづけている。

31 杉《すぎ》之《の》木《き》神社《じんじゃ》のスギ

所在地　蒲生郡竜王町山之上3560
樹　種　スギ（スギ科）　樹高25m　幹周り3.5m
樹　齢　1000年（伝承）
アクセス　電車　JR 琵琶湖線「近江八幡駅」下車、バス「山之上」下車、徒歩10分
車　名神竜王 IC より15分
撮　影　2008年7月

今井　洋

竜王町山之上はなだらかな丘陵地をひかえ、牧場や果樹園が点在するだけでなく、額田王と大海人皇子のロマン（*）を秘めた地でもある。北には雪野山が横たわり、山頂では数百の古墳をはじめとした銅鐸などが発見された。西を望めば鏡山が裾野をひき、『日本書紀』に登場する渡来人の陶工による窯跡が数多く発掘されるなど聖徳太子の事跡が残っている。

杉の御神木がある杉之木神社は、集落の東はずれにある。この神社は、五月三日に行われる「ケンケト祭り」で名高い。この祭りは蒲生、野洲、甲賀と幅広く繰り広げられているが、杉之木神社はその中心的な存在である。祭りの衣装は、織田信長が水口で戦ったときに鎧《よろい》を脱いだ姿を取り入れたとされている。派手な長襦袢に友禅模様のちりめんでつくったものをまとい、色彩豊かな毛糸のスカートをはいて、裾には鈴や玉を飾りつけて踊りが奉納される。

祭りの見せ場は、渡りの途中に見物客が「イナブロ」（山車の一種）と呼ばれるサギ飾りの綱を横から引っ張って倒そうとするときに、警固の青年がそうはさせまいと持った割竹を叩いて必死に防ぐ場面である。イナブロを数多く倒した年ほど豊作で、それに付けられている五色の短冊を持ち帰ると厄除けになると信じられている。ちなみに「ケンケト」とは、鉦や太鼓の囃子を真似てつけられたものである。

本殿の脇にそびえる杉の巨木は、一九八四年末に国選択無形民俗文化財に指定されたケンケト祭りの奉納を何百年にわたって見てきた。環境に恵まれているせいであろうか、まだまだ元気で生長をつづけているように見える。鎮守の森の主として、今後も末永く平安を見守っていてほしい。

（＊）「あかねさす　紫の行き標野行き　野守は見ずや君が袖振る」（『万葉集』巻１、20番）と、許された関係を思いめぐらした額田王が詠んだ遊猟の地。

32

本誓寺《ほんせいじ》のクロマツ

所 在 地　蒲生郡日野町日田335
樹　　種　クロマツ（マツ科）　樹高21m　幹周り2.4m
樹　　齢　400年（推定）
アクセス　電車　JR草津線「貴生川駅」から近江鉄道「日野駅」下車、バス「横町」を下車して徒歩10分
　　　　　車　名神竜王ICより国道477号へ出て約20分、新名神土山ICより国道1号へ出て約30分
撮　　影　2003年6月

今井　洋

日野には本誓寺が二つある。一つは日田にある真宗大谷派、もう一つは松尾にある浄土真宗派のお寺である。それぞれが東本願寺と西本願寺を本山とすることから、地元では「東本誓寺」「西本誓寺」と呼ばれている。

お寺の名前「本誓」とは、仏さまがすべての衆生を救うと誓われて約束されたことを指しており、通常「本願」といわれている。『観音経』や『教行信証』に「弘誓《ぐぜい》」という言葉が出てくるが、これは法蔵菩薩が衆生救済の四十八願を立てられ、これが成就しないかぎりは仏にはならないという誓いを立てられたことを指している。そして、法蔵菩薩はこの誓願を成就されて阿弥陀如来になられたので、人間はすでに浄土に生まれる資格をはるか昔に与えられていることになる。

黒松《クロマツ》は、日田の本誓寺の門をくぐるとすぐにその巨体を現す。その枝の広がりは雄大の一言に尽き、県内髄一という折り紙がつけられている。いつからか「青鶴松《せいかくまつ》」の異名をもち、本堂欄干から眺めると、鶴が頭をもたげて翼を広げてまさに飛び立たんとする姿を彷彿とすることができる。数十本の支柱に支えられているが、緑色濃く木に力があり、疲れ知らずの勇壮さは見事というほかない名松である。

『大漢和辞典』(*)によると、青鶴は「人面鳥喙《かい》八翼一足で、善く鳴く禽《とり》」のこと。そして、「此の鳥が鳴く時は天下が太平だという」とされている。「青鶴松」はその樹姿が「八翼一足の禽（鳥）」にそっくりなことから名付けられたわけだが、なるほどと納得させられる雄姿である。グローバルの時代を迎えて絶えまなく争いの時代がつづくが、青鶴が世界に飛翔して「天下泰平」とぜひ囀《さえず》ってほしいものだ。

（*）諸橋轍次著、大修館書店、1955年～1959年。

33 熊《くま》野《の》神社《じんじゃ》のスギ

［別名・タコ杉］

今井　洋

所在地　蒲生郡日野町熊野215
樹　種　スギ（スギ科）　樹高20m　幹周り7.2m
樹　齢　400年（推定）
アクセス　電車　JR草津線「貴生川駅」から近江鉄道「日野駅」下車、タクシー約20分
　車　名神竜王ICより国道477号で約40分、新名神土山ICより約30分
撮　影　2007年3月

綿向山《わたむきやま》（一一一〇メートル）南西の麓に抱かれて熊野の集落がある。いつも静かで、穏やかな空気が流れる所である。熊野神社の創建は不詳だが、古来当地は神体山綿向山を中心として活動した修験者の根拠地であり、熊野からの勧請は中世以前とされる。神社から綿向山に向かって少し入ると「熊野の滝」がある。修験者はこれを那智の滝(*)になぞらえて「神瀑《しんばく》」とし、修行を終えて還俗《げんぞく》するときはこの滝で禊《みそぎ》をしたと伝承されている。九月八日の「御滝祭り」には滝に祀る祠の扉を開ける習わしがあり、神聖と崇める滝を熊野神社の御神体としてお祭りしている。

また、毎年成人の日の朝、厳寒の中「弓取の神事」が挙行されている。地域で選ばれた六人の若者が狩衣に身を固め、拝殿の前から修験者がかつて退治した大蛇が埋められていると伝わる「おろち塚」に向かって数本ずつ矢を放つ行事だ。修験者の儀式が村の若者を一人前と認める儀式に変わったものと思われ、民俗学上重要な祭りの一つとされている。

タコ杉は、熊野神社の鳥居手前の右側に大きく四方に枝を伸ばしている。タコが足を数本空に向かって伸ばしている姿になぞらえたものだ。鈴鹿の御在所山（一二一二メートル）をはじめとする険しい山地には、自然に育った「タコ杉」と呼ばれるものが自生している。杉は通常まっすぐ一本立ちする性質をもっているが、鈴鹿山地の杉の多くが根元近くから多数に分枝して、蛸が足を広げたような形をしている。これは幼木のときから積雪で押さえつけられ、氷に閉ざされた厳しい環境のもとで育ったことが影響しているようだ。

タコ杉のように何百年も苦難に耐えて異様な姿で孤高を保つと、杉はただの杉ではなくなり、もはや神となって人々から畏敬の眼差しで崇められて大切に残されている。

（*）那智川にかかる48滝の一つである「一の滝」のこと。那智山一帯は滝に対する自然信仰の聖地であり、一の滝は飛瀧神社の御神体となっている。

34

熊野《くまの》のヒダリマキガヤ

今井　洋

国指定天然記念物

所 在 地　蒲生郡日野町熊野184地先
樹　　種　ヒダリマキガヤ（イチイ科）　樹高21m　幹周り2.4m
樹　　齢　400年（推定）
アクセス　電車　JR 草津線「貴生川駅」から近江鉄道「日野駅」下車、タクシー約20分
　　　　　車　　名神竜王 IC より国道477号で約40分
撮　　影　2007年３月

榧《カヤ》は山形県以南に分布する暖帯性の常緑高木で、かつて葉が蚊遣《かや》り（いぶし）に使われたのが名前の由来といわれる。古名を「かえ」（かへ・榧と書く）と言った。生長は遅いが寿命は長く、雌雄異株、まれに同株で花は五月ごろに咲き、一〇月ごろに緑色の仮種皮《かしゅひ》が種子を包み込んだ一～三センチの核果をつける。

昔は、湖北の木之本や伊吹町で「米一升カヤ一升」といわれ、カヤの実一升が米一升に相当するほど大事にされた。入会山《いりあいやま》(＊)には榧の木がたくさん生えていて、ひと秋に何千俵もの実が採れたという。地元では採取の解禁日を設け、その日が来ると村人は争って山へ入っていった。これを町へ出して米や油と交換し、一部は残して食用油や灯火用として使用するほか冬のおやつにしたといわれている。

ところで、左巻榧《ヒダリマキガヤ》は榧が突然変異で生じた変種である。普通の榧に比べると、種子が長楕円形で四～五センチと大きい。決め手は種皮の細い溝で、通常は直線に近いのに、螺旋状に左巻きなっていることが特徴である。珍種として、一九二二年に国の天然記念物の第一号指定を受けた。

地元日野町では、町の山と崇める綿向山の標高一一一〇メートルにちなんで毎年一一月一〇日に「ふれあい綿向山Ｄａｙ」(＊＊)として登頂イベントを催している。数年前には、登頂者に山の思い出を持ち帰ってもらおうと「ヒダリマキガヤ」の種をプレゼントした。頂上に祀られている大嵩《おおだけ》神社《じんじゃ》では二〇年ごとに遷宮が行われており、この社の建築材は榧の木が使用されている。登頂者に種を無料配布したのは、種が立派に生長して将来遷宮に役立つときがあるかもしれないという期待からという。夢のある計らいだ。

(＊)一定地域の住民が特定の山の権利を共同用益すること。
(＊＊)連絡先：日野町役場商工観光課内。TEL　0748－52－6562

35 鎌掛《かいがけ》のホンシャクナゲ

国指定天然記念物・滋賀県の県花

所在地　蒲生郡日野町鎌掛しゃくなげ渓
樹　種　ホンシャクナゲ（ツツジ科）
　　　　樹高３～５ｍ　幹周り0.5m
樹　齢　100年（推定）
アクセス　電車　JR 草津線「貴生川駅」から近江鉄道「日野駅」下車、バス約20分
　　　　車　名神竜王 IC より国道477号で約40分、新名神土山 IC より約20分
撮　影　2002年４月

今井　洋

日野の鎌掛《かいがけ》谷は「しゃくなげ渓」とも呼ばれ、本石楠花《ホンシャクナゲ》の群生地として名高い。通常は標高八〇〇～一〇〇〇メートルに見られる本石楠花がここではわずか三〇〇～四〇〇メートルに群落をつくっており、きわめて珍しいことから一九三一年に国の天然記念物に指定された。ここに本石楠花の群落が自生するのは、渓谷の岩盤が特殊な地質構造で伏流水に恵まれ、谷の地形が生育に好適な日照条件を与えているからである。

鎌掛谷へは、日野の町並みから御代参《ごだいさん》街道を鎌掛に向かって集落を抜けた所の交差点を北東へ進むと約六キロで着く。花のシーズン中（四月下旬～五月）は、入園料を払って雑木林の中の遊歩道を三〇分ほど歩けば自生地へ入ることができる。渓谷沿いの遊歩道は緑の木々であふれ、爽やかな五月の真っ盛りである。遊歩道側は強い日差しを受けるため花が少なく、やや半日陰の対岸の斜面が群落の中心をなしている。

ひと昔前は五万本といわれた石楠花だが、今は二万本に減少したらしい。天然記念物指定で手入れが難しく、生活様式の変化などで土地が富栄養化してほかの植物が育ちすぎたり、日照条件が変わったり、相性のよい赤松が枯れたりと環境条件が変わったせいだろう。

本石楠花の群落は鎌掛谷をはじめ比良山地、京都の大悲山《だいひざん》が名所となっている。県内のもう一つ「比良のシャクナゲ」は、井上靖の小説(＊)で一躍有名になった。主人公は、「あの山嶺の香り高い石楠花の群落の傍で眠ることができたら、今日のわしの心はどんなに休まることだろう」と生涯を回想している。ところが今は、山地には目が行き届かず、掘り取られて株数はきわめて少なくなっている。小説の舞台が現実から消え去りつつあり、忸怩《じくじ》たる思いである。

（＊）（1907～1991）小説『比良のシャクナゲ』は〈文学界〉に1950年の３月号に掲載された。『井上靖全集』第２巻、新潮社、1995年、所収。

36 政所《まんどころ》のチャノキ

滋賀県指定自然記念物

所 在 地　東近江市政所町1053地先（白木駒治氏の畑地）
樹　　種　チャノキ（ツバキ科）
　　　　　樹高２ｍ　　幹周り30㎝株立ち
樹　　齢　300年（推定）
アクセス　電車　近江鉄道本線「八日市駅」よりバス君ヶ畑方面「政所駅」下車すぐ。
　　　　　車　　名神八日市ICから国道421号を約17㎞、県道34号で約１㎞
撮　　影　2005年７月

松井　茂代

紅葉の名所として有名な永源寺は、南北朝時代の一三六一年、近江の国の領主佐々木氏頼《ささきうじより》が寂室元光《じゃくしつげんこう》禅師を迎えて開山して「永源寺」と号し、明治以来、臨済宗永源寺派の本山となった。ここより約一二キロで政所の集落に入る。昔から「宇治は茶所、茶は政所」と謳われ、銘茶の産地として全国にその名が広がっている。

わが国における茶の木の栽培は、最澄が中国から持ち帰って植えたのが起源とされている。また、大津市下坂本にある「日吉茶園」は、日本に最初に伝わった「茶の木」を植えた所といわれている。

政所では、永源寺五世の越渓秀格《えっけいしゅうかく》禅師が栽培を始めたと伝えられている。政所茶の歴史を今に残している茶の木が、今なお現役として所有者によって大切に育てられている。寒冷紗《かんれいしゃ》や藁《わら》むしろなどを被せたり、季節にあった作業を繰り返しながら立派な政所茶(*)を生産している。樹齢三〇〇年以上といわれ、幹は株立ちで数本の幹が立ち上がっており、こんもりと繁った葉が約八メートル四方に広がっている。このような大きな茶の木は見たことがない。数本の株立ちの幹には苔が張り付き、しっとりと湿っている。どの幹がどの枝に立ち上がっているのかよく分からないぐらいの大きさで、三〇〇年の歴史を感じることができる。

普通、茶の木は、葉を摘み取ったあとは剪定《せんてい》される。三〇年から四〇年に一度は樹勢回復のために株元から剪定されるが、この木を見るかぎり一度も株からの剪定がされてないようだ。全国で生産される茶のほとんどが機械で摘みとられるが、ここ政所の茶は手摘みが多く、高級品として販売されている。

（*）申込先：JA グリーン近江永源寺支店（TEL：0748－27－1251）、JA グリーン近江市原ふれあい店（TEL：0748－27－1201）など。

37

大皇器地祖神社《おおきみきぢそじんじゃ》のスギ

藤林　道保

所在地　東近江市君ヶ畑町977
樹　種　スギ（スギ科）　樹高48m　幹周り６m
樹　齢　500年（推定）
アクセス　電車　近江鉄道「八日市駅」より近江鉄道バス御園線「永源寺車庫」で乗り換えて、ちょこっとバス政所線「君ヶ畑」下車すぐ。
　　　　　車　名神八日市ICから国道421号を政所より御園川沿いに約6.5km
撮　影　2008年７月

第五五代文徳天皇の第一皇子である惟喬親王《これたかしんのう》は次の皇位を継ぐはずであったが、皇位継承争いに敗れて八五九年一五歳のとき、わずかな供とともに「小松畑」と呼ばれていたこの山中に幽棲《ゆうせい》したといわれている。それがゆえ、里人はここを「君ヶ畑」と呼ぶようになった。

惟喬親王は、法華経の巻物の紐を引くと巻物の軸が回転するのを見て轆轤《ろくろ》を考案したと伝えられており、配下の者に命じて木地の器物をつくらせた。木材を原料として轆轤を使って駒、椀、盆、こけしなどをつくる人を「木地師《きぢし》」というが、この地が良質の木材の産出することも相まって「木地師発祥の地」といわれるようになった。惟喬親王は日本の木地師の元祖とされており、この地から多くの木地師が全国に散らばっていったわけだが、木地師縁の家の多くは今も君ヶ畑を本籍地としている。

惟喬親王が幽棲したと伝わるにふさわしく、君ヶ畑町は御池川に沿って約六・五キロさかのぼった静かな山あいの集落である。今も木地師の工房があり、伝統は受け継がれている。また、惟喬親王を祭神とする大皇器地祖神社は親王薨去《こうきょ》の翌年（八九八年）四月の創建とされる。細い参道に導かれて境内に入ると、入り口の右側に大きな杉の切り株がある。切り株といってもその株は朽ちて蔦《ツタ》が絡まった一つの固まりのようだ。株の直径は四メートルほどで、古い書物には滋賀県で一番大きな杉の古木があったと記されている。

境内を進むと、その木に負けずと樹皮の美しい杉の巨木が林立している。この神社の近くに親王が起居されたと伝わる金龍寺や「日本国中木地屋氏神惟喬法親王御廟所」という銘の彫られた石柱が立つ墓所などがあり、今も親王ゆかりの地として深く慕われている。

38

信長馬繋《のぶながうまつな》ぎのマツ

藤林　道保

所在地　東近江市甲津畑町1101
樹　種　マツ（マツ科）　樹高6.2m　幹周り2.2m
樹　齢　500年（伝承）
アクセス　電車　近江鉄道「八日市駅」前より近江鉄道バス永源寺市原線にて「永源寺支所前」でちょこっとバス「甲津畑」へ乗り換え、終点より徒歩５分
　　　　　車　名神八日市ICより国道421号を永源寺支所前信号を右に折れ、道なりに南下約4.5km
撮　影　2008年５月

ＮＨＫの大河ドラマ『功名が辻』(＊)の中で、信長が千種《ちぐさ》街道で杉谷善住坊から狙撃される場面があった。信長が越えたとされるこの千種街道は、杉峠近くでは道幅も狭く斜度もきつく、当時、信長も馬を降りて徒歩で越えたのではないかと想像される。杉峠には、名前の由来を示すかのように杉の木がある。千種街道は、ここから御在所岳の北側を迂回して国見峠を越えて湯の山温泉に至るが、信長も結構苦労したことだろう。

信長は美濃と近江を何度も行き来し、その際には中山道のほかに尾張や伊勢に至る交通の要路であった千種街道も使った。千種街道の路傍に生きるこの松は、伝承されている次のエピソードによって親しまれている。

この松の所有者である速水氏の祖先速水勘六左衛門は、織田信長が近江路に入るに際してその召に応じ数々の武勲を立てた。そのため、信長が近江と美濃尾張を往復する際にはこの千種街道を利用し、速水勘六左衛門は杉峠から布施（八日市）に至る間の警護にあたった。そして、当家で休憩する際に自分が愛でるこの松に愛馬を繋いだと言い伝えられている。

伝承樹齢五〇〇年とされるこの松は、今も手厚い庇護《ひご》によって樹勢は衰えを知らず、丹念な剪定によって力強く端正な姿を保っている。冬ごとにかなりの積雪も予想されるが、この地で長年の風雪に耐えて樹形を維持しているのは、ひとえにこの松がもちあわせる力とこの木を愛する速水家の努力の賜物であろう。この松に会うときには、この松が速水家の屋敷内で永年慈《いつく》しまれたことを偲び、当家に迷惑をかけないように道路からその姿を愛でるように心がけて欲しい。

（＊）2006年放送。原作：司馬遼太郎、主演：仲間由紀恵・上川隆也

39

百済寺《ひゃくさいじ》のボダイジュ

増田　泰男

所在地　東近江市百済寺町323
樹　種　ボダイジュ（シナノキ科）
　　　　樹高13m　　幹周り0.7m（最大・株立ち）
樹　齢　1000年（推定）
アクセス　電車　近江鉄道八日市線「八日市駅」下車、バス30分
　　　　　車　　名神八日市 IC から約12分
撮　影　2004年1月

百済寺は、琵琶湖の東に位置する鈴鹿山脈の西山腹にある。寺伝によれば、六〇六年に聖徳太子が高句麗の僧恵慈とともにこの地に至ったとき、山中に光を放つ霊木の杉を見て立木のまま刻んで十一面観音像をつくり、像を囲むように堂を建て、百済の龍雲寺にならって「百済寺」と号したとある。平安時代には、比叡山延暦寺の勢力下に入って天台宗の寺院となった。鎌倉時代には、「天台別院」と称されて一〇〇〇坊、一三〇〇余人を擁する大寺院となったが、一五七三年に織田信長の焼き討ちを受けて寺は消失した。その後、江戸初期、井伊家や春日局(＊)などの寄進を得て現在の本堂、仁王門、山門などが再建された。

千年菩提樹は、階段を上りきった本堂の左手にある。説明表示板によれば「樹齢推定一〇〇〇年、幹周は約五メートル」とのことである。信長の焼き討ちを受けた際に幹まで焼損したが、幸いにも根には及ばなかったために幹の周辺から再び蘇って今日に至っている。中央部が約八〇センチの空洞になっていて、焼き討ち当時の幹の直径に相当しているとのことである。

菩提樹はシナノキ科に属する落葉樹で、初夏六月ごろに房状の小さく黄色っぽい花を付ける。釈迦がその下で「悟りを開いた」ということで知られ、その由来から寺院の庭園などによく植えられるが、釈迦が実際に悟りを開いたのはクワ科の熱帯樹「インド菩提樹」の下である。葉の形は丸みを帯びて似ているが、その先端が細長くカメレオンの舌のように伸びていて明らかに菩提樹とは異なっている。

寺には種々の樹があり、とくに紅葉は「近畿の五大紅葉名所」に選ばれていて多くの人々を魅了している。また、一〇〇〇本近い桜も寺を華やいだものにしている。

（＊）(1579〜1643) 徳川家光の乳母で、名は福。父は明智光秀の家臣斎藤利三。

40 ヒイラギの森《もり》

所在地　滋賀県犬上郡甲良町池寺1484地先
樹　種　ヒイラギ（モクセイ科）
　　　　樹高７ｍ　幹周り4.2m（二叉）
樹　齢　300年（伝承）
アクセス　電車　JR琵琶湖線「河瀬駅」下車、タクシー約20分
　　　　車　名神彦根ICから約20分
撮　影　2002年５月

奥川　賢一

何万年かの時間をかけ、鈴鹿山脈に源を発する犬上川の急流が金屋付近を要とする下流に扇状地帯を形成してきた。そこで水田耕作などの農耕生活を二〇〇〇年前から営み、背後にそびえる山々から木の実や鳥獣などを採取して人々が生活していたのだろう。現に、この金屋集落の東部郊外から縄文式土器や弥生式土器が多く発掘されているほか、甲良町全域にわたって存在するたくさんの古墳が、四〜七世紀ごろにこの地方に多くの人々が住みついて集落を形成したことを示している。その古墳群も、いまや住宅建築や圃場整備でなくなり、わずかな古墳が残っているだけである。

池寺の田んぼの中にあるこんもりとした森が柊《ヒイラギ》の森で、通称「野神さん」（一七三ページ参照）と呼ぶ塚があり、その真ん中に樹齢三〇〇年の柊の老木がある。根元に小さな祠《ほこら》があり、そこに野神さんが祀られている。池寺地区野神講の人々は春と秋に掃除をしたりして信仰している。

この柊は、歯痛によく効く霊験あらたかな御神木として非常に有名である。近在の人々はいうに及ばず、遠くからもたくさんの人々が柊の葉をもらうためにやって来る。そして、歯が治った人は、そのお礼に氷砂糖やいり豆などをお供えして帰っていく。

柊はヒヒラギギ（疼木）の転訛で「疼ぐ（ひひらく）」とは「ひりひり・ずきずき」と痛むということである。葉に棘《とげ》があり、触れると柊らぐために名づけられたという説がある。そのほか、柊の棘は魔よけになると信じられ、節分に鰯の頭を柊に刺して戸口に掲げる風習も広く行われている。ところが、柊の葉はこの木のように老木になると棘がとれて、長卵形の普通の木の葉となる。人も長じてかどが取れ、人格が円満になるようにという期待を込めてなぞらえている。

41

愛東南小学校《あいとうみなみしょうがっこう》のクスノキ

増田 泰男

所在地	東近江市曽根町1285	
樹　種	クスノキ（クスノキ科）	
	樹高24m　幹周り4.6m	
樹　齢	130年（推定）	
アクセス	電車	近江鉄道「八日市駅」下車、バス愛東南循環線「曽根」下車
	車	名神八日市ICから421号線を東へ2.5km、御園交差点を左折して307号線を北上、妹南交差点を右折してすぐ
撮　影	2003年6月	

愛東南小学校は一八七五年に設立され、小松、致知、小山の三小学校が一九〇一年統合されて「西小椋尋常小学校」となったあと、一九五五年に「愛東村立愛東南小学校」と校名が変わって現在に至っている歴史のある小学校である。一九七九年年に校木と指定されたこの楠《クスノキ》は、三校統合の際、致知小学校に植えられていた樹齢約二五年の樹を高学年の生徒がモッコに乗せて運んで植え替えたという。

現在、樹齢一三〇年に達する楠は大きく二叉になっていて、一本は「子どもたちが健康であるように」、もう一本は「よく勉強ができるように」という願いが込められているという。県道217号の「曽根」の交差点を右折するとすぐ目の前に大きく見えてくるこの楠の姿は、子どもたちだけでなく地域の人たちにも安らぎを与えている。

学校では、楠が元気に生長するようにと周辺五メートル四方を柵で囲み、その外側のコンクリート部にも所々穴を開けて根が吸水しやすいようにしている。そのほか、樹木医（四二ページ参照）にも定期的に診断をしてもらっているようだ。

生徒たちをずっと見守ってきた楠にちなみ、一九八〇年から創立記念日に近い秋に「くすのき祭り」が開催されてきた。子どもたちの作文発表や先輩の講話、御輿かき、餅つき、ふかし芋づくりなど、思い出に残る行事であったようだ。しかし、現在この祭りは中止されている。それに代わり、一一月ごろに（この学校の卒業生も多い）地元の老人たちを招待して、校庭で開会式をしたあとに各教室で「学習発表会」を行っている。児童たちと給食の「もみじ弁当」を味わうという行事も行われており、この楠との絆が継続されている。

巨木写真展開催準備でのエピソード

二〇〇五年（平成一七年）一二月二日（土）、会員の藤林氏、今井氏とともに私は、木之本町石道の山中（標高約五〇〇メートル）にある高尾寺跡まで、滋賀県の自然記念物に指定されている「逆杉《さかすぎ》」の撮影に行った。翌年の二月に新装開設が予定されている、JR木之本駅構内にある多目的ホールで写真展を行うための資料づくりが目的だった。

見事なスギの巨木に圧倒されて敬服の念を抱いて帰ろうとしたとき、そのスギの根元に白い紙切れが落ちているのを発見した。拾ってみると、二〇センチ×五センチのカードであった。そのカードを見ると、長浜市立上草野小学校の運動会のときに全校生徒が風船に便りを書いて飛ばしたものらしいことが分かった。後日、その小学校へカードといっしょに手紙を出したところ、すぐに返事が来た。

九月一六日の運動会で保護者・地域の方々と

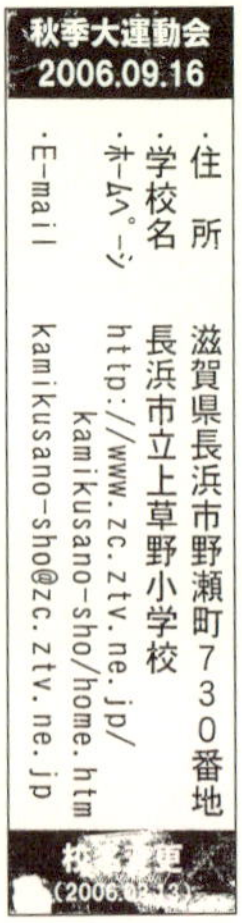

表

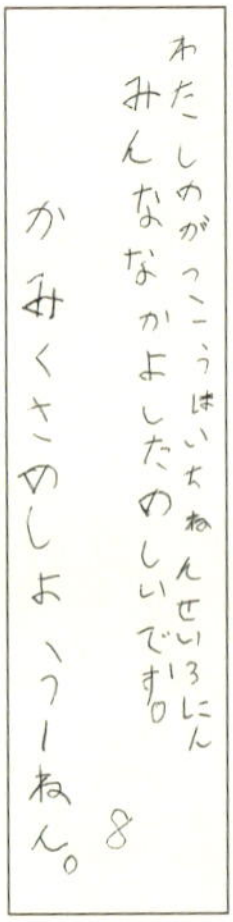

裏

ともに子どもたちが飛ばした風船に対する返信がついに一通届きました。感激です。約二〇〇個もとばしたのに反応がなしだったので、残念な思いをしておりましたところです。今回お便りをくださったのは、栗東市にお住まいの辻宏朗様です。辻様は、滋賀県の名木を訪ねる会会長で、県の名木・巨木を訪ねて調査されている方です。大変ご丁寧な文面と県内の名木の資料を郵送くださいました。

このような子どもたちに知らせたという文面とともに、校長先生からの御礼状、そして運動会当日の様子を細かく記された手紙をいただいたのである。その内容は、旧浅井町が長浜市と合併して「浅井町立浅井東小学校」が新しく「長浜市立上草野小学校」と校名が変わって初めての運動会を記念して、「大空高く宇宙まで」と題した風船飛

上草野小学校１年生13名のみなさん

ばし大会を親子で催したというものだった。

一人ひとりのメッセージを乗せた色とりどりの風船が大空高く飛んでいく様子は、「まるで万華鏡を頭上に見る」ようであったらしい。また、「風船に託した私達の願いは届くでしょうか」とか「果たして風船を拾って本校に連絡してきてくださる方が現れるでしょうか楽しみです」となっており、当日の運動会の様子が十分伝わってくるようなほのぼのとした文面であった。

たぶん、子どもたちの風船を見上げる美しい目がキラキラと輝いて、いつまでも消えていく風船を見送りながら誰かに拾って欲しいと祈ったことだろう。ちなみに、私が拾った風船（カード）は小学校一年生の女の子が書いたもので、約六キロ飛んできたことになる。巨木が巡りあわせてくれたとしか思えないこの奇妙な縁、その後、一年生一三名が一人ひとり書いてくれた手紙と同時に全員で写った大きな写真まで送ってもらった。

また、こんなこともあった。二〇〇四年六月五日〜二六日まで高島市今津町ヴォーリズ資料館において写真展を開催したとき、次のようなすばらしいお手紙をいただいた。といっても直接受け取ったわけではなく、知らぬ間に会場に貼られていたのだ。このときにはお会いする機会に恵まれなかったが、本書を刊行するにあたって改めてお手紙を書かれた吉弘笑子（高島市今津町在住）さんに連絡をさせていただき、お会いしたうえ、ご本人の了解のもとその全文を掲載させていただくことにする。

樹齢千二百年　樹囲十二米
想像もつかない時を経て今在る壮大な樹の命に畏敬の念を覚えます
　百年にはおよそ届かぬ寿命の人間が　ことばや態度　果ては器物で人を傷つけ　命を奪ってきたことか

小指の先ほどの一粒の木の実が千年を越える刻の中を耐えたであろう試練は　それぞれの幹に歴然ときざまれている

はじめて開かせた花も葉も悠久の時をつむいだ今年も同じ形同じ彩でひらき　季に逆らはず散り驕ることなき姿で立つ
平成十六年六月
滋賀の巨樹・名木写真展に想う

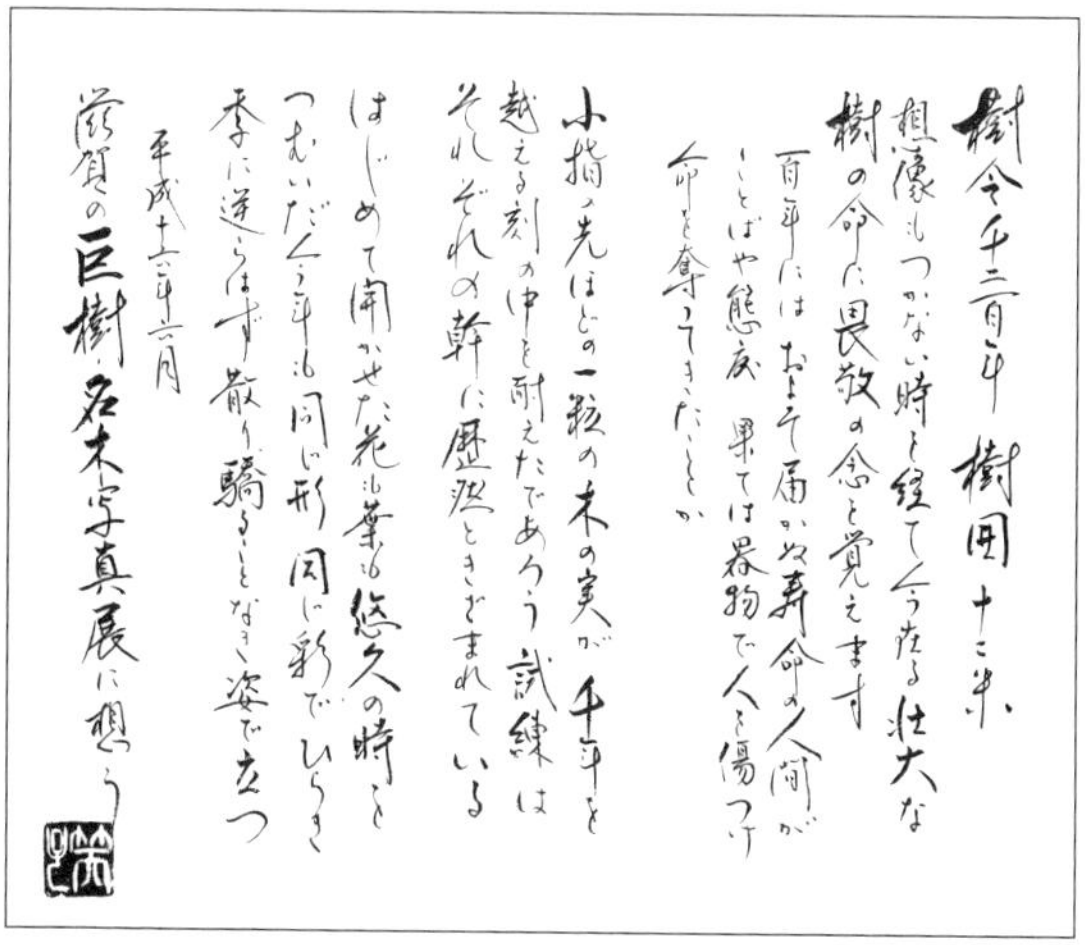

42

西《さい》明《みょう》寺《じ》のフダンザクラ

滋賀県指定天然記念物

所 在 地	東近江市甲良町池寺26	
樹　　種	フダンザクラ（バラ科）	
	樹高５m　　幹周り1.7m	
樹　　齢	250年（推定）	
アクセス	電車	JR 琵琶湖線「河瀬駅」からバス「金屋」下車、徒歩20分
	車	名神八日市 IC から325号を直進、東近江大橋を超えて之尻交差点を左折し、国道307号を直進して約10分
撮　　影	2004年１月	

増田　泰男

琵琶湖の東、鈴鹿山脈の山裾にある湖東三山（西明寺・金剛輪寺・百済寺）のうち、西明寺はもっとも北側に位置している。伊吹山を開いた三修上人が八三四年に開創された。平安、鎌倉、室町、の各時代を通じて祈願道場、修業道場として栄え、山内には一七の諸堂、三〇〇の僧坊があり、多くの僧兵をかかえていたといわれる。また、朝廷の庇護を受けて湖東平野の水利権も掌握していた。

戦国時代、織田信長が比叡山を焼き討ちした直後、配下の丹羽長秀が当寺を攻撃したのだが、その際、僧侶や村人が自ら火を放って全焼したように見せかけたので、幸いにも本堂、三重塔、二天門は火難を免れた。江戸時代に入って、天海大僧正(＊)たちの尽力によって祈願、修行道場として復興され現在に至っている。

西側に大きな池があるので「池寺」とも呼ばれている。この池から西方に光が輝きだしたので「西明寺」と称したということだ。本堂（瑠璃殿）と三重塔は釘を使用しない純和様建築で、屋根は檜皮葺きでいずれも国宝となっている。ちなみに、本堂は一八九八年に国宝の第一号に指定された。また、国の重要文化財である二天門は八脚門で、左右に持国天、増長天が安置されている。

不断桜《フダンザクラ》は、境内山門を入って参道に向かうすぐ左側の本坊の表庭にある。九月から翌年の五月ごろにかけて咲き、一一月が満開である。満開といっても、白に近い淡いピンクに一重の五弁の花があちこちに咲く程度で、楚々とした可憐さを感じさせる樹である。山桜と大島桜の種間雑種と考えられており、花と同じ時期に葉が見られるのも特徴となっている。

（＊）（1536？～1643）安土桃山時代から江戸時代初期の天台宗の僧。徳川家康のブレーンとして江戸幕府初期の朝廷政策・宗教政策に深く関与した。

43

北花沢《きたはなざわ》のハナノキ

田中　勲

国指定天然記念物

所在地　東近江市北花沢町字花の木398
樹　種　ハナノキ（カエデ科）　樹高８m　幹周り2.8m
樹　齢　300年（推定）
アクセス　車　名神八日市ICから国道307号に出て彦根方面へ約７km
撮　影　2008年７月

「ハナノキ余録(＊)」によれば、一八二九年、彦根藩主であった井伊直中公が佐土根山（現在の里根町）に天寧寺を建立した際、本尊を新彫するのに愛知郡花沢村の花の木こそ霊験あらたかであるとして花沢村の庄屋に木を用意するように命じた。しかし庄屋は、「花の木は古来より聖徳太子お手植えの霊木として村人が尊崇畏敬して手を触れることすら恐れているので、主命といえども応じることはできない。さいわい先年、風で倒れた枝があるのでこれをもって代えられたい」と答えた。

　井伊直中もその答えに納得したので、以前に折れた花の木《ハナノキ》で阿弥陀如来を彫ったことのある庄屋甚五兵衛によって保存されていた残りの木を献上したところ、満足してこれで本尊を彫刻し天寧寺に安置し、残った木で別に直中自ら地蔵菩薩を彫刻し、庄屋甚五兵衛に与えたという記録が残されている。そして、これらの仏像は、現在も天寧寺（彦根市）と同家に伝え祀られている。

　一九五〇年のジェーン台風でこの樹は倒れたが、その後、保護の手が加えられて樹勢は回復しつつあり、住民はこの花の木を御神木として枯らさないよう葉っぱ一枚持ち出すことなく守り育てている。

　推定樹齢は南花沢のものよりやや新しく（一三〇ページも参照）、それでも三〇〇年以上と推定されている。カエデ科の落葉高木であり、滋賀県の平地でこのように自生することは珍しい。この北花沢町の花の木は大小五本あるが、天然記念物に指定されているのは二番目に大きい南側の一本だけである。

（＊）横田英男編『湖東町史（下巻）』（湖東町役場、1979年）所収。

44

山《やま》の神《かみ》のムクノキ

所 在 地　東近江市小八木町763地先
樹　　種　ムクノキ（ニレ科）　樹高20m　幹周り5.1m
樹　　齢　1500年以上（伝承）
アクセス　車　名神八日市ICから国道307号を北へ約9㎞、祇園交差点を西へ約1㎞
撮　　影　2008年3月

増田　泰男

周辺の田んぼの中にある一本の巨木の椋《ムクノキ》の木、遠目には小さな森のように見える。大きく枝を広げるこの巨木に藤《フジ》がヘビのように巻きついているためだ。四方を竹の斜格子柵で囲まれ、樹には立派な太い注連縄《しめなわ》が地上一メートルあたりに巻かれている。地域の人たちに大事に管理されていることがよく分かる。

樹の下部はコブが隆々と突き上がっていて男性の象徴のように見えるし、下部には洞状の裂目があって女性の象徴のようにも見える。それと樹の太さや大きく広がった枝ぶりとがあいまって、古くから山の神として崇められてきた。

一般に山の神の祭礼は、一月初旬に木の股で男女の像に似たものをこしらえて白酒などを供え物としていることが多いが、この山の神ではそのようなことを行っていないし伝承もされていない。巨木の形そのものを山の神として崇めてきたのだろう。現在は、子宝の神と喧伝《けんでん》されて訪れる人も多い。

地区の人々により、一九八五年ごろに石造りの祭壇や男性器像、そして一九六八年には鳥居が整備された。現在は地区の氏神である春日神社の下に管理運営されていて、宮議員三人、氏子総代二人の計五人が神社と山の神の世話をしている。また、毎年八月八日には山の神の例祭が行われている（近年は土日の休日）。

その春日神社の本殿は三間社流造《さんげんしゃながれづくり》・檜皮葺きで、永亨年間（一四二九～一四四一）に着工し、文安元年（一四四四）に建立されたことが棟札銘に記されている。国指定の重要文化財で、蟇《かえる》又《また》に精巧な宝珠、獅子などの彫刻が施されている。

45

建《たけ》部《べ》神社《じんじゃ》のケヤキ

成田　正一

所 在 地　東近江市五個荘伊野部町475
樹　　種　ケヤキ（ニレ科）　　樹高34m　　幹周り5.5m
樹　　齢　400年（推定）
アクセス　電車　近江鉄道本線「河辺の森駅」より0.5km
　　　　　車　　国道８号五個荘北交差点より２km
撮　　影　2008年７月

滋賀県のほぼ中央湖東平野には琵琶湖に注ぐ愛知川が流れている。それを横切る国道8号の五個荘北交差点を左折して八日市方面へ約二キロ行くと五個荘の伊野部集落に着く。そこに、建部神社の大鳥居が鎮座している。大鳥居をくぐると拝殿前に畳三枚ぐらいはあろうかと思えるぐらい大きな神石（石碑）があり、「建部神社祭神。日本武尊《ヤマトタケルノミコト》・稲依別王命《イナヨリワケオオミコト》・大国主大神《オオクニヌシノオオカミ》・事代《コトシロ》主神《ヌシノカミ》・社歴」と略記が刻まれている。

境内を見渡すと、本殿の右側に一本、左側に二本の欅《ケヤキ》の巨木がそびえている。近くに寄ってみると、巨木には大小十数個のコブがある。その一番前のコブがゾウの目によく似ている。色といい、形といい、今にも巨象がこちらに向かって歩いてくるようにさえ見える。

欅の木目の美しさや強靭さは用材としては最高で、神社仏閣の建築材としてよく使用されている。また、巨木となれば玉杢《たまもく》(＊)が出ており、質のよい欅の巨木であれば原木業者に目を付けられることが多い。この欅も業者から声をかけられることがあるが、氏子衆は「お金にはしない」という強い信念の下、この御神木を守ってきている。

この欅の巨木は生長がよく、樹形もすばらしく良質の種子を付けるため「滋賀県・有用広葉樹母樹林」に指定されている。

毎月一六日には湯立神事が行われている。神前の大釜で湯をわかし、宮司さんがそのお湯に笹の葉をひたして自分や参列者にふりかける。それが終わると、宮司の奥さんが巫女となって神楽を舞われるという。大きな欅のそばで神楽《かぐら》を楽しんでみるのもいいだろう。

（＊）渦状の細かくて美しい木目、樹齢500年以上の木に出る現象。

46

山王神社《さんのうじんじゃ》のケヤキ

所在地　東近江市五個荘中町185地先
樹　種　ケヤキ（ニレ科）　樹高28m　幹周り5.7m
樹　齢　300年（推定）
アクセス　電車　近江鉄道本線「五個荘駅」より約0.5km
　　　　　車　　国道８号梁瀬交差点より約0.2km
撮　影　2008年４月

成田　正一

滋賀と三重の県境である鈴鹿山脈の分水嶺で端を発し、西斜面に落ちた一滴の水が永源寺ダムに貯水して愛知川となって琵琶湖に注がれる。国内で三番目に長い国道8号が愛知川を渡る御幸橋を南へ行き、十字路を右に曲がるとその正面に小幡神社の鎮守の杜が見える。そのすぐ左側に欅《ケヤキ》の巨木が道路の上まで覆い被さっている。

この欅の巨木は、小幡神社の小宮である山王神社の境内にどっかりと鎮座している。幹周りは大人三人では抱えきれないほど太く、根も大きく張りだしている。地上五メートルぐらいの所に大きなコブがあり、これを「へそ」と見て「へその宮さん」と呼ばれて古くから親しまれてきたが、最近、このコブが朽ち果ててなくなっている。

巨木であるがゆえに枝といえども大枝で、「年中葉を付けない朽ちた枝が気になる」と、管理している人たちの悩みの種ともなっているらしい。以前は多くの人たちが当番制で手入れをしてきたが、現在は中村講(＊)の七名で巨木の世話をしている。一部が朽ちても樹はまだまだ元気で、四方八方に葉を繁らせている。近くを流れる愛知川の水を十分に吸収して、生命力を維持しているようだ。

一方、人々の気持ちはさまざまなようだ。秋から冬にかけての落葉時の掃除に困っているらしく、「いっそのこと切って売ってしまえ」という声もあるようだ。その反対に、「あの欅に負けないくらいに毎日を生き抜く気持ちで、木の世話や掃除に精を出している」と言う人もいる。

この欅の巨木を通じていろんな人の話を聞いたが、できることなら欅のように、無言で俗世間の雑音を気にせず天に向かって伸び伸びと生きたいものだ。

(＊)地元中村氏を中心に神社を祭り奉仕する団体。

47

大隴神社《だいろうじんじゃ》のスギ

所在地　愛知郡愛荘町長野1170
樹　種　スギ（スギ科）　樹高28m　幹周り4.8m
樹　齢　300年（推定）
アクセス　電車　近江鉄道本線「愛知川駅」下車、湖側へ国道８号を横切り約１km
　　　　　車　国道８号「長野」交差点湖側へ入り約0.3km
撮　影　2004年１月

竹山　芳子

この神社の創祀は明らかではないが、狛犬や灯籠が鎌倉時代のものであり、近隣の豪族や領主、長者、武将などに崇敬されていたものと思われる。社殿はたびたび火災や洪水に遭い、その都度社殿や古文書、社宝などが消失したが、正保、慶安年間（一六四四〜一六五三）に本殿を再建し、明治に入ってから拝殿、幣殿、渡廊・社務所などが建立された。そして、一九九〇年一一月三〇日未明、平成天皇即位の大嘗祭に反対するゲリラによって本殿と幣殿が放火されて消失したが、神社本庁や崇敬の念が篤い人々の尽力によって本殿、幣殿、透垣が六年の歳月をかけて再建され、一九九五年四月六日に竣工式が挙行された。

御神木の杉は拝殿のすぐ西隣にある。樹齢数百年といわれる杉の先端は落雷によりなくなっているが、まだまだ元気である。一九三五年ごろに石の柵が、そして一九八三年には「御神木」の碑が寄進された。

幹が直立していることから「直木《すき》」が変化して「すぎ」になったともいわれ、すくすくと立つ木のイメージがあるが、この御神木は幹が西の方向へ傾いている。おまけに、樹皮の割れ目の縦縞が一回りほど右回りに捻じれている。何とも不思議な気がして地元の長老に「どうして……？」と尋ねてみたが分からなかった。

大瀧神社の斜め向かいに、江戸時代創業の造り酒屋「藤居本家」(*)がある。総欅《ケヤキ》造りの店舗はそのスケールの大きさに度胆を抜かれる。国の登録有形文化財である東蔵は大正時代に建てられた欅造り二重壁の酒蔵で、昔ながらの酒造りの手法や道具などが見学できる。また、さまざまな味わいのお酒が並ぶ試飲コーナーはお酒好きにはこたえられない魅惑の場所となっている。

（*）滋賀県愛知郡愛荘町長野1769　TEL：0749－42－2080　酒蔵コンサートなども行っている。見学は要予約。

48

甲良《こうら》神社《じんじゃ》のケヤキ

所在地　滋賀県犬上郡甲良町法養寺51
樹　種　ケヤキ（ニレ科）　樹高26m　幹周り5.4m
樹　齢　750年（伝承）
アクセス　電車　JR 琵琶湖線「河瀬駅」下車、バス「役場前」下車すぐ
　　　　　車　名神彦根 IC から10分
撮　影　2003年11月

奥川　賢一

甲良町は、琵琶湖の東岸、JR琵琶湖線河瀬駅より東へ六キロほどの所に位置する。田畑が広がり、その中に鎮守の森を思わせる緑の繁みが点在している。町域は鈴鹿山系から琵琶湖に注ぐ犬上川がつくりだしたなだらかな扇状地であり、道に沿ってきれいな水田・生活・防火・融雪用水が豊かに流れている。この水の恵みを使って、「せせらぎ遊園のまちづくり」が住民・行政・企業がパートナーシップを組んで「ふるさと創生事業一億円(*)」を活かしてまちづくりが成功した。各地からたくさんの人々が先進地研修として訪れている。

圃場整備事業で失われていく網の目の水路をパイプライン化したり、各集落内に親水公園（ポケットパーク）を造ったりして親しまれている。水路の畔には花壇があり、縁台が置かれている。また、失われていく鎮守の社内には欅《ケヤキ》の木が残されていて、なにか農村のもつ温もりと、そこに住む人々の水と木に寄せる心情が感じられる風景である。

甲良町は昔から欅の産地として知られていた。欅の名産品として木臼《きうす》が有名で、昔はそれをつくって生計を立てていた家もあったが、今は何軒か名残を残す家があるのみである。甲良大工として名の知られる甲良豊後守宗廣《こうらぶんごのかみむねひろ》が日光東照宮の寛永の大造営の際に欅を使用したことにちなみ、町の木を「欅」とした（一九七七年四月）。その年に日光市と姉妹提携をし、その記念に宗廣公の銅像が甲良神社北側に建立されて広く世に顕彰されている。

境内の雑草の中に入っていくと、突然壁に突き当たるように巨体が鎮座している。まさしく欅の巨木だ。見上げる頭上から樹皮が大きくめくれて、今にも落ちそうだ。甲良の大工も手がつけられなかったのだろうか、今に生きている。

（*）1988年～1989年にかけて竹下内閣が行った政策で、各市町村に対して地域振興費として1億円を交付した。

49

西《にし》のムクノキ

滋賀県指定自然記念物

所 在 地　東近江市昭和町981－2
樹　　種　ムクノキ（ニレ科）　樹高25m　幹周り7.8m
樹　　齢　650年（推定）
アクセス　電車　近江鉄道八日市線「太郎坊宮駅」0.5km
　　　　　車　　国道421号（八風街道）の清水３丁目交差点を南へ約0.2km
撮　　影　2008年10月

田中　勲

国道421号の清水三丁目交差点を南に二〇〇メートルほど行った左手に、大きく枝をいっぱいに張りつめた巨大な木が見える。これが西の椋《ムクノキ》の木で、この樹の東五〇〇メートルの所に中野神社がある。この西の椋の木は、この中野神社の鎮守の杜のつづきとして広がりをもっていたと考えられる。

かつて、中野神社の東三〇〇メートルあたりに、この樹に引けを取らない東の椋の木の巨木があった。氏子さんをはじめとした地域の人たちには、「東の椋の木、西の椋の木」と中野村のシンボルとして親しまれてきたのだが、東の椋の木はなくなった。その背景には、沖野に飛行場があった戦時中、飛行機の発着にじゃまになるので切られたという説や、台風が来ると怖いので切ったという説などがある。

西の椋の木の特徴といえば、何といっても根張りのすごさだろう。灰褐色の滑らかな根が立ち上がり、象の足のように太っているのは実に見事というほかない。椋の木は山地にも生えるが、人家周辺にもよく植えられている落葉高木で、よく分枝して丸みのある樹形になる。上のほうでやや確認しにくいが、枝と枝が再び合体して窓をつくっており、いわゆる「窓木(*)」の姿も見られる珍しい巨木である。葉は表裏に毛が生えてざらつき、そのざらつきを利用して細工物を磨くのに使われている。また材は、皮付きのまま床柱などにも使われることがある。

この西の椋の木は、一九七八年一一月に八日市市保護樹林に指定され、樹形の美しさも手伝って、一九九一年三月には滋賀県指定自然記念物「巨樹・巨木林」に指定された。

(*)幹がいったん二つに分かれて、上方で再び合したような木。

50 池寺《いけでら》の大スギ

［別名・若宮池の大杉］

奥川　賢一

所在地　犬上郡甲良町池寺地先若宮池堤
樹種　スギ（スギ科）　樹高26m　幹周り7.4m
樹齢　500年（伝承）
アクセス　電車　JR琵琶湖線「河瀬駅」下車、タクシー約20分
　車　名神彦根ICから約20分
撮影　2002年7月

ＪＲ琵琶湖線河瀬駅から東へ約七キロ、国道307号を南へ少し行った所に西明寺がある。西明寺は金剛輪寺（愛荘町）百済寺（東近江市）とともに「湖東三山」と呼ばれ、天台宗の名刹で八三四年の創建といわれる。本堂は鎌倉時代の代表的な建造物で、優美な総檜造りの三重塔とともに国宝に指定されている。また、本坊書院の庭園「蓬萊庭《ほうらいてい》」は国指定の名勝であり、紅葉の名所としても知られている。

西明寺山の麓に大小八つの溜池《ためいけ》がある。その一つが池寺地区で古くから農耕の水源として大切にしてきた若宮溜（若宮池）で、二〇〇二年度に農村自然環境整備事業（ビオトープ型）において整備された。

四月上旬、国道を走っていると、堰堤に植えられた桜並木がピンクに彩られた華やかな光景となって目に飛び込んでくる。吸い込まれるように脇道を桜並木へと向かっていくと、桜とは対照的に霊気さえ感じられる大杉が視界に入ってくる。傍らには若宮大権現の祠《ほこら》が祀られ、注連縄《しめなわ》が張られた杉は御神木として何百年にもわたって大切にされながら人々の生活を見守ってきた。

地上二メートル位の所から枝分かれし、その下に乳房状の大きなコブが二つも垂れ下がっている大杉。三〇センチと四五センチのコブを見ていると、かなりの星霜が感じられる。昔から、この木を折ったり傷つけたりする者には腹痛や頭痛などの災いがあると信じられており、集落の人々から崇められてきた。一九四八年に池寺で大火があったあとに杉の傍らに祠を建て、この杉を火の神様として祀るようになったらしい。九月二日の祭日には村神主が赴くなど、小さな祠に集落の安泰という大きな願いが託されている。

51 南《みなみ》花沢《はなざわ》のハナノキ

田中 勲

国指定天然記念物

所 在 地　東近江市南花沢町字花の木546
樹　　種　ハナノキ（カエデ科）　樹高10m　幹周り4.7m
樹　　齢　1200年（伝承）
アクセス　車　　名神八日市ICより国道307号に出て、彦根方面へ約7km
撮　　影　2003年10月

シリーズ近江文庫
第三回 たねや近江文庫ふるさと賞 懸賞作品募集

PHOTO：今森 光彦

まぶたを閉じればひろがる、懐かしい風景。
時代とともに町並みは変わっても、心の中で静かに息づくもの。
ときおり、振りかえりたくなる。
ときおり、誰かに伝えたくなる。

「わがふるさと」

近江をさまざまな視点から見つめなおすことで
ふるさとをより深く知ることができるのではないか。
そんな発想からＮＰＯ法人たねや近江文庫では２００７年に
「たねや近江文庫ふるさと賞」を設け、作品募集を行っております。
ふるさと賞は、《近江》をテーマにひろく作品を募集し、
全国へ向け発信することを目的とした懸賞です。
近江の魅力をあなたの言葉でつづってみませんか?

NPO法人 たねや近江文庫
〒529-1303 滋賀県愛知郡愛荘町長野415番地
TEL 0749-49-5932（平日 9:00～18:00）
FAX 0749-42-5775
E-mail omibunko@taneya.co.jp

国道307号沿いの南花沢町の八幡神社境内にある花の木《ハナノキ》、そのどっしりとした姿は、威厳とともに御神木にふさわしい風格を漂わせている。聞きなれない名前の花の木は、四月ごろ葉が出る前に真紅色で小さな花が集まって咲き、大変美しいので「花の木」と名付けられた。比較的高冷地の湿地を好むカエデ科の落葉性広葉高木で、「ハナカエデ」とも呼ばれている。

日本における分布は岐阜県を中心に長野・愛知・滋賀県に見られるが、このような平地の所で巨樹になるということは珍しい。ここの花の木と国道307号沿いの五〇〇メートルほど北にある北花沢町の花の木（一一四ページ参照）は自生する巨木の最西端として、ともに一九二一年三月三日に国の天然記念物に指定された。

南北両花沢の木のそばには池があり、かつてここは水が豊富に湧きでており、花の木の生育環境としてふさわしい場所であった。しかし、今は湧き水も減り、車の往来も激しくなって乾燥と大気汚染に弱い花の木の将来が懸念される環境となっている。

両花沢町の花の木の誕生には、湖東地方に多い聖徳太子の伝説が伝わっている。聖徳太子が百済寺を建立しての帰路の途中でこの地で休息し、「私の広める佛教が栄える限り、この木も栄えて花をつけ、年々、枝葉も繁茂するであろう」と誓い、自ら食事の箸をそれぞれの花沢村に一本ずつ突き差したところ、誓いの通り立派な木になったと伝えられている。

いずれにしても、古くより南北花沢町の花の木は霊木・神木として信仰を集めている。また、「花沢」という地名もこの木に由来している。古くから「聖徳太子お手植えの木」として地元の人々に御神木として信仰され、大切に守り育てられている。

52

飯《いい》盛《もり》木《ぎ》のケヤキ

滋賀県指定自然記念物

所在地　犬上郡多賀町多賀924
樹　種　ケヤキ（ニレ科）　樹高15m　幹周り9.8m
樹　齢　300年以上（推定）
アクセス　電車　近江鉄道多賀線「多賀大社前駅」より約1km
車　国道307号多賀交差点（多賀町役場前）より1.5km
撮　影　2007年6月

辻　宏朗

近江鉄道多賀線の多賀大社駅から南西に一キロほど行くと、広い田園地帯の中にこんもりとした樹景が見えてくる。これが飯盛木（女）の欅《ケヤキ》である。遠目には鎮守の杜のように見えるが、一本の木で、そこには祠もなく石垣に囲まれて腰を下ろしている。県内で一番大きな欅で、幹周りが九・八メートルある。幹の一部は朽ちて空洞となり、大きな枝は折れて樹形が変形しており、絡まっているツタに木の哀れさを感じてしまう。独立樹だけに風当たりが強いのか、それとも雷の被害なのか傷み方が激しい感じがする。

「飯盛木」という珍しい呼び方をするこの木には次のような縁起がある。

奈良時代の養老年間、元正天皇が病気で食欲がなくなって多賀大社に平癒の祈願があった。神域に生えていた欅でつくった杓子で強飯を盛って献上したところ、めでたく病気が治ったという。杓子をつくった残り木を地面に挿したところ根付いて欅の巨木となり、「飯盛木」と呼ばれるようになった。今でも延命長寿のお守りとして人気がある「お多賀杓子」もこの故事にちなんだものであり、「おたまじゃくし」の語源ともいわれている。

近くに、少し小振りな飯盛木（男）がある。幹が大きく傾いて鉄柱で支えられている。その幹から枝が真上に立ち上がっており、バランスをとっているかのようだ。近年の大雪で一番太い枝が折れた。傾いた幹からすれば少し軽くなったように感じるが、かなりの痛手であろう。かつては一二本の飯盛木があったといわれるが、今は二本だけが残っている。飯盛木（男）と飯盛木（女）の名は、木の大きさではなく、その昔、男木は幹が三本に分岐し（今は一本）、女木は二叉になっていたという形状によって名付けられた。

53

十《じゅう》二《に》相神社《そうじんじゃ》のスギ

所在地　犬上郡多賀町佐目472
樹　種　スギ（スギ科）　樹高35m　幹回り6.4m
樹　齢　500年（推定）　1000年（伝承）
アクセス　電車　JR琵琶湖線「彦根駅」より近江鉄道バス「佐目」下車すぐ
　　　　　車　国道306号多賀交差点（多賀町役場前）より約5km
撮　影　2009年4月

辻　宏朗

多賀町役場前から国道306号を北へ、山間部を抜けると犬上川の支流北谷川に突き当たる。三キロほど下流の川相集落で南谷川と合流している。その近くにある犬上神社には、名犬にまつわる次のような伝説がある。

犬上神社のご祭神である稲依別王《イナヨリワケノミコ》は、往来の人々に危害を加える大蛇を退治しようと愛犬を伴って渓谷を探していると、主の危急を感じた愛犬が激しく吠えたてた。しかし、それに腹を立てた王は剣一刀のもとに愛犬の首をはねてしまった。すると、その首が大蛇の咽喉に咬みついて、大蛇は渓谷の淵に落ちて悶死《もんし》した。この愛犬の忠死を弔うために祠を建てたのが犬上神社のはじまりで、犬上郡の地名は「犬咬み」から発したものと伝えられている。

川沿いにしばらく行くと佐目集落に入る。橋を二つ渡った正面に遠久寺があり、美しい川の流れとともに静かな山村風景が広がっている。左手、少し高くなった畑の中に十二相神社の鳥居が立っており、それをくぐると正面に大きな森が見える。十二相神社の鎮守の杜である。

小道を横切って神社の境内に入った瞬間、感嘆の声を上げてしまった。本殿を囲むように四本の杉の巨木が、規則正しく井の字型に並んでそびえている。どの木も幹周りが五～六メートルもあり、四本揃って巨木に育っていることに畏敬の念を抱き、歴史の重さと神々しさを感じてしまった。中央の本殿は、遠い昔からこの巨木を見守ってきたのであろう。巨木によくあった社で、巨木とともに一見の価値がある。

今は静かな鎮守の杜も、古くから参宮街道として伊勢へ往復した旅人の目印となり、憩いの森であったと思われる。その昔は往来の人たちで賑わっていたのであろう老樹の杜である。

54

杉坂峠《すぎさかとうげ》のスギ

辻 宏朗

滋賀県指定自然記念物

所 在 地　犬上郡多賀町栗栖字杉ノ下33－3
樹　　種　スギ（スギ科）　　樹高40m　　幹周り12m
樹　　齢　400年（推定）
アクセス　車　　国道307号久徳口から山道を約25分
撮　　影　2007年６月

「伊勢へ参らばお多賀へ参れ、お伊勢はお多賀の子でござる」という里謡《りよう》があるが、多賀大社には、伊勢神宮の祭神天照大神《アマテラスオオミカミ》の親神さまである伊邪那岐神《イザナギノカミ》と伊邪那美神《イザナミノカミ》が祀られている。この多賀大社の御神木、実は遠く離れた杉坂峠の山中にある。

多賀大社から国道307号を北に向かう。田園地帯がつづく山裾の所々に梅林があり、今を盛りと咲き誇って甘酸っぱい香りを漂わせていた。ほどなく栗栖《くるす》の集落に入る。芹川に飛ノ木橋が架かっており、その橋のたもとに「多賀大社の御旅所」と刻まれた石柱が立っていた。橋を渡れば調宮《ととのみや》神社。境内には銀杏《イチョウ》の巨木があり、黄色の絨毯で敷き詰められる秋は印象的でもある。そこからうす暗い山道を一〇分ほど走ると、突然視界が開けた。眼下に湖東平野が広がり、遠くに琵琶湖がキラキラと輝いている。今も昔も、この光景は変わることなく時を刻んできたのだろう。

多賀大社から約二五分、杉坂峠の大杉に到着した。「多賀大社の御神木」と刻まれた石柱の横に、杉坂の御神木の由緒が書かれた看板がある。

「昔、伊邪那岐の神様がこの地に降り立ち、この峠を下って芹川の上流、栗栖の里に鎮まられました。道中、村人に柏の葉に盛られた栗飯を出され、たいそう喜んで召し上がられたそうです。その時に地面にさされたお箸がやがて芽吹き、現在の御神木になったと云われています」

視線を谷のほうに向けると御神木が見える。幹周り一二メートルはさすが滋賀県で一番の風格だ。幹は五メートルぐらいの所で二叉に分かれて、また三叉に分かれてそびえ立っている。毎年夏に催される万燈祭(＊)の元火は、この木の根元で採火されている。

(＊)毎年８月３～５日、境内に一万数千灯の提灯に明かりが灯される。湖国の夏の風物詩となっている。

55 地《じ》蔵《ぞう》スギ

辻 宏朗

所 在 地　犬上郡多賀町保月地先
樹　　種　スギ（スギ科）　樹高37m　幹周り4.4m（単幹最大木）
樹　　齢　450年（推定）
アクセス　車　　国道307号久徳口交差点から山道を約40分
撮　　影　2007年6月

杉坂峠の大杉を後に、保月《ほうづき》集落に向かってなだらかな坂道を下りていくと萱賀神社を守るかのように杉《すぎ》集落の六、七軒の家々が寄り添うように立っていた。大きな枯れススキが家々を取り囲み、人が住まなくなってかなり経過しているようだ。一〇分ほど走ったであろうか、突然、杉の巨木が立ち塞がった。道が大きくカーブした正面に地蔵杉があるのだ。三本の杉の巨木に囲まれて、小さな地蔵堂がある。そのうしろの杉の巨木は主幹が二本あり、二本の木が合体したように思える。付近は石灰岩が散乱したように白い岩肌を見せており、絶妙なコントラストを醸しだしている。昔から、地蔵さんは子どもを守り、旅人の安全を守る仏として信仰を集めてきた。この地蔵堂も、集落の人たちから子どもの成長と安全を願って大事にされてきたのであろう。

しばらく走ると、眼下に大きな屋根が見えてきた。保月集落だ。大きな屋根は八幡神社と照西寺で、集落の入り口にある。お寺の向かいには「町立脇ケ畑小学校跡」がある。この二つの集落に加えて五僧《ごそう》の三集落で「脇ケ畑村」といった。村の最盛期は一八九三年で、世帯数九五戸、人口四八五人であった。その後、世の中の大きな変革により、一九六九年には世帯数二九戸、人口五五人となり、児童数も九人となって学校は廃校となった。

集落を通る道は「五僧越えの道」と呼ばれ、その昔は岐阜から多賀へ通じる道で、三集落を経て杉坂峠を下りて多賀へ通じていた。この街道は往来が頻繁で、保月には宿屋もあったことから美濃と近江を結ぶ脇街道の宿場町であったようだ。

今は人が住まなくなった家の庭や空き地に雪が残り、福寿草が咲き乱れている。のどかな中に一抹の寂しさを感じて集落を後にした。

56 井《い》戸《ど》神社《じんじゃ》のカツラ

滋賀県指定自然記念物

所 在 地　犬上郡多賀町向之倉字東反尻63
樹　　種　カツラ（カツラ科）
　　　　　樹高38m　　幹周り12m（株立ち）
樹　　齢　400年（推定）
アクセス　車　　国道306号久徳口交差点より約３km
撮　　影　2003年12月

辻　宏朗

国道306号の久徳口交差点を右折して、県道17号に入る芹川を右に見て、「河内の風穴」方面へ二キロほど行った所で芹川に掛かった橋を渡って山道に入った。きれいな舗装道路だが、車があまり通らないためだろうか、小枝や石が散乱していて走りにくい。一キロほどで今は廃村となっている向之倉《むかいのくら》集落に着く。人が住んでいないはずなのに、その気配が感じられる家屋がポツン、ポツンと残っている。

井戸神社の桂《カツラ》の木までは、谷のほうに下りる小さい道がついている。二分ほど歩くと、上から見下ろすように桂が見えてくる。根元から蘖《ひこばえ》を出し、株立ち状となって数本の幹を束ねたようになって主幹となる数本が天に向かってまっすぐ伸びている。三年前の豪雪で主幹の一本が折れたが、樹木医の手当を受けて元気になっている。

湿った場所を好む桂の傍《そば》には池があった。この池は集落の水源となっていたらしい。以前は年に一度池ざらいをして貯水の管理をしていたと聞くが、人がいなくなればその必要もないのだろう。落ち葉がたまって黒く淀んでいた。

桂は日本特産の落葉高木で、あちこちでよく見られ、ときおり見事な巨木に出会うこともある。葉を採集して乾かし、これを粉にして抹香をつくるところから「香の木」ともいわれている。秋には黄色く紅葉して、地面に落ちるころに匂いがする。この匂いが醤油に似ているところから「ショウユの木」または「ミソの木」と呼ぶ地方もある。

春の新芽時や秋の紅葉は透き通るようで美しい。春、新芽が出る直前にピンクの淡い色の花を咲せ、枝一面にピンクのベールを被せたようになる。

57 芹川堤《せりかわつつみ》のケヤキ

所在地　彦根市芹橋２
樹　種　ケヤキ(ニレ科)　樹高15m　幹周り4.2m(最大木)
樹　齢　350年（推定）
アクセス　電車　JR琵琶湖線「彦根駅」より約1.5㎞
　　　　　車　　名神彦根ICより約３㎞
撮　影　2007年６月

野口　勇

霊仙山南麓を源流とする芹川は全長一七キロを流れて琵琶湖に注いでいるが、以前は「善利《せり》川《がわ》」と呼ばれ、現在の安清町あたりから北上して国宝彦根城(*)の東側を通って松原内湖に注いでいた。

築城時、この川がたびたび氾濫するのを避けるために付け替えて琵琶湖へまっすぐ流れるようにし、それを外堀として利用した。そして、その堤防の補強をするために欅《ケヤキ》などが植えられた。堤防には、一〇〇年以上の欅、榎《エノキ》、椋の木《ムクノキ》、皀莢《サイカチ》、秋楡《アキニレ》など二〇〇本以上が繁茂して、城下町を見守っている。

右岸は車の通行量が多いためにゆっくりと散策できないが、左岸は車の通行を禁止して遊歩道とし、緑のトンネルが市民の憩いの場となっている。とくに、芹橋付近に樹齢三〇〇年を超える欅が多いことから「ケヤキ並木」と呼ばれて親しまれている。

琵琶湖までの両堤防には約七〇〇本の並木があるが、樹木別では桜がもっとも多く、道路の民家寄りに植えられている。春の新緑は活気を漲《みなぎ》らせ、秋の紅葉は哀愁を漂わせ、冬の木立に吹き積もる雪の輝きなど四季折々の自然風景を満喫させてくれる。

その昔、芹川は子どもの遊び場であった。飛び交うホタルを追ったり、アユやウナギ捕りに水しぶきを上げたり、冬には竹製のソリやスキーで土手の上から川原まで滑り下りるなど、昔を懐かしく思う人も多いだろう。

今は上流にダムができたために水量が少なく、雑草が繁って風情に乏しいが、毎年八月六日には先祖供養の万燈流しが行われて、真夏の川面を幻想的な雰囲気にしている。

(*)江戸時代に彦根市金亀町にある彦根山に、鎮西を担う井伊氏の拠点として置かれた平山城。山は「金亀山」との異名をもつため、「金亀城《こんきじょう》」ともいう。

58

彦《ひこ》根《ね》城《じょう》のマツ

［別名・いろは松］

所在地　彦根市金亀町1
樹　種　マツ（マツ科）　樹高19m　幹周り3m
（並木のなかで最大のもの）
樹　齢　300年以上（推定）
アクセス　電車　JR琵琶湖線「彦根駅」より約1km
車　名神彦根ICより約2.5km
撮　影　2007年6月

野口　勇

国宝彦根城の「築城四〇〇年祭」(＊)が二〇〇七年に盛大に開催され、「ひこにゃん」が全国的に有名になって地域キャラクターの先鞭《せんべん》をつける形となった。その彦根城を訪れる人々を迎えてくれるのが、佐和口前中濠の松並木である。大坂の陣で著しい戦功をあげた直孝藩主のころ、土佐(高知県)から取り寄せられた土佐松が植えられ、当初は四七本であったため「いろは松」と名づけられた。この土佐松は地上に根が張りださない特徴をもっており、人や馬の往来にじゃまにならないために選ばれたようだ。しかし、枯れるものも多かったので、家老が一本ずつに藩士の名札をつけて世話を命じたためによく成育したともいわれている。

堀端に松並木はあまりないといわれるが、その昔、中山道鳥居本宿から彦根城に入る表玄関にあたるこの道は、時折洪水で道が浸水して濠との境目が分からなくなった。それを防ぐために、目印として植えられたのではないかと推定されている。

約二〇〇メートルの松並木は、中濠の石垣と車道の舗装に囲まれて窮屈そうに緑陰を落としているが、樹勢の衰えも目立ち、枯れる木もあって現在は三三本となっている。樹齢三〇〇年を超えるものが一四本、二〇〇年を超えるもの五本、一〇〇年を超えるもの二本、残り一二本は一五年から四〇年と若く、江戸時代から現代までの風俗の変遷を静かに語りあっているように見える。

現在、樹勢の衰えを防ぐために城郭管理事務所やボランティアによる病虫害駆除や施肥が行われている。毎年、初冬にコモ巻きをして冬眠中の害虫を集めて春先にこれを焼却したり、肥料として新酒の搾り汁を松の根元に注ぐ作業は季節の風物詩となっている。春、城内の満開の桜が松の緑と彩を競い、最高の撮影スポットとなっている。

(＊)2007年３月～11月にかけて「再発見と新創造」を基本理念として彦根城一帯を中心として市内全域で開催。入場者数76万人、経済効果338億円。

59

慈《じ》眼《がん》寺《じ》のスギ

［別名・金毘羅さんの三本杉］

野口　勇

滋賀県指定自然記念物

所 在 地　彦根市野田山町291
樹　　種　スギ（スギ科）　樹高24〜40m　幹周り4.1〜5.1m
樹　　齢　1200年（伝承）
アクセス　電車　JR 琵琶湖線「彦根駅」から湖国バス多賀線で「野田山」下車、東に徒歩15分
　　　　　車　　名神彦根 IC より５分
撮　　影　2007年６月

国道306号、野田山町交差点を東に五〇〇メートルほど行って、名神高速道路の高架橋をくぐると山並みの上に高く頭を突きだした杉の巨木が目に飛び込んでくる。周りは低い山に囲まれて民家や畑が混在し、静けさが一段と感じられる。霊気を感じながら石段を上ると、正面に金比羅慈眼寺の観音堂がある。その前に三本の杉の巨木が隣接して天空を仰いでそびえている。観音堂に安置されている十一面観音菩薩像は、奈良時代の僧行基が彫って奉安されたものと伝わり、そのときの記念として植えられたのがこの三本杉といわれている。その昔、雷が大暴れしたときに観音菩薩が封じ込めたという伝説から「雷除けのスギ」とも呼ばれている。

杉の巨木は、全国的に一本杉、二本杉、杉並木など多く見られるが、この杉のように三本が隣接して巨木に育っているのは珍しい。二本の杉は樹高が四〇メートル近くあるが、一本は二四メートルと低い。第二室戸台風（一九六一年）で先端部分が折れてしまったらしい。当時の樹勢はないが、枝の先が見えないほどに枝葉が繁り、互いに勢力を競いあっている。

三本杉の傍《かたわ》らの石段を三〇段ほど上ると大きな石の碑がある。小さい干支地蔵に囲まれたその碑には、「山の中でも　野田金比羅は　病厄除け　あらた神」と童謡詩人の野口雨情(＊)が一九三八年に来山した折に詠んだ詩が刻まれている。さらに三〇段ほど上ると、金比羅堂、稲荷大明神、楽寿観音が安置され、足腰安全、ぼけ封じにご利益があるといわれている。ここから名神高速道路や琵琶湖を眼下に眺めることができるが、三本杉の先端はまだまだ上空を指しており、周りの樹木を圧倒するほどの力強さでそびえている。

（＊）（1882～1945）大正中期の民謡・童謡作家。『七つの子』『十五夜お月さん』などが有名。

60

蓮《れん》華《げ》寺《じ》のスギ

［別名・一向杉《いっこうすぎ》］

遠藤　喜美雄

滋賀県指定自然記念物

所 在 地　米原市番場511
樹　　種　スギ（スギ科）　樹高31m　幹周り5.5m
樹　　齢　700年（推定）
アクセス　電車　JR 東海道線「米原駅」から西馬場行きのバスで「蓮花寺下」下車
　　　　　車　　名神米原 IC より旧中山道を南下し番場へ、名神ガードをくぐって約２km
撮　　影　2006年11月

長谷川伸(*)の名作『瞼の母』のセリフを拝借すると、「江州坂田の郡、醒ヶ井から南へ一里、磨針峠の宿場で番場という処がござんす……」。その番場宿の中ほどに蓮華寺がある。この寺は、鎌倉時代の一二八四年、一向上人が諸国行脚の錫を留めて念仏を宣布され、広く民衆を化導し開山した所である。

鎌倉時代、番場宿は京都と鎌倉を結ぶ中山道の交通の要衝として重要な機能を担っていた。一三三三年五月、京都での合戦に敗れた六波羅探題《ろくはらたんだい》北条仲時は光厳天皇や上皇などを奉じて中山道を下って番場宿に着いたとき、敵方の重囲《じゅうい》に陥り、やむなく蓮華寺に玉輩を移して戦かったが、遂に敗れて本堂前庭において仲時以下四三〇余名が自刃《じじん》した。時の第三代住職同阿《どうあ》上人は深く同情し、それらの姓名などと仮の法名を一巻の過去帳に記し、供養の墓碑を建立してその冥福を祈った。その墓碑は境内にあり、四〇〇余体ほどあるかと思わせる石仏が杉と紅葉木の入り混じった八葉山林の一角に静かに眠っている。住職によると、「秋深くなるころ、その北条武士の墓碑の周りを赤く染める紅葉の美しさは当時を偲ばせる趣がある」とのことであった。

その場所を少し上った所（本堂の裏手）に樹齢七〇〇年の巨木がそびえ立っている。「一向杉」と呼ばれているこの古木は、一向上人が一二八七年一一月一八日に遷化《せんげ》され、荼毘《だび》に付された跡地に植えられたものであるといわれている。長年にわたる風雪や落雷にもめげず、ひたすら耐え生き延びてきた一向杉は、下部の横枝の一部が垂れ下がり、本幹皮部分が剥がれて痛々しく感じるが、八葉山杉林の麓にどっしりと根を張り屹立《きつりつ》している。

(＊)(1884～1963) 小説家、劇作家。本名は伸二郎。

61

了《りょう》徳《とく》寺《じ》のオハツキイチョウ

遠藤　喜美雄

国指定天然記念物

所 在 地　米原市醒ヶ井350
樹　　種　イチョウ(イチョウ科)　樹高21m　幹周り4.3m
樹　　齢　200年（推定）
アクセス　電車　JR 東海道線「醒ヶ井駅」下車約0.5km
　　　　　車　　名神米原 IC より国道21号を東へ約2.5km
撮　　影　2006年11月

中山道六一番目の宿場が醒ケ井《さめがい》宿である。日本武尊《ヤマトタケルノミコト》が伊吹山で大蛇の毒を受けて高熱を出したが、「居醒の清水《いさめのしみず》」といわれる湧水で冷やしたところ、不思議と苦しみが醒めたと伝えられている。この清水を源流とする川が地蔵川である。醒ケ井宿の中心を流れていて、水温は年間を通して一四度前後と一定し、今住まいする人々の生活の一部となっている。

この地蔵川の至る所に、梅の花に似た小さな白い花「梅花藻《バイカモ》」が六月中旬から八月末ごろまで群生する。また、「ハリヨ」といって絶滅危惧種である体長四〜五センチの体にトゲをもつ淡水魚が観光客の目を楽しませてくれる。

この地蔵川沿いから三〇メートルほど行った所に静かなたたずまいの了徳寺がある。醒ケ井六寺の一つで真宗本願寺派に属し、一六九八年、堅田より当地に移転したものである。蓮如(＊)自作といわれる宗祖木像などが寺宝として伝えられている。この寺にそびえ立つお葉付き銀杏《オハツキイチョウ》は、この銀杏の特徴ともいえるようにすべての枝葉が柳のように下に垂れ下がっている。立て札には「周囲一一・五メートル、高さ一二メートル」と記されているが、それよりもはるかに太い。一九二九年に国の天然記念物に指定されたので、そのときの記録なのだろう。

毎年八月から一一月上旬ごろに数多くのギンナンを実らせるが、その一部は、名前の通り葉面上に実がつく。一部の葉の縁に複数の胚珠が生じ、それが実となっている。普通のギンナンに比べると小さく、長楕円や細長いものが多い。葉面上に生じるギンナンの数は概ね一〜二個である。銀杏は中国、日本の特産で、わが国では神社、仏閣の境内に数多く植えられているが、お葉付き銀杏は珍しく、全国に数十本ほどしかない。

(＊)(1415〜1499) 室町時代の浄土真宗の僧。本願寺第８世で、本願寺中興の祖。「蓮如上人」と尊称。1882年に、明治天皇より「慧燈大師」の諡号《しごう》を追贈。

62

清滝《きよたき》のイブキ

滋賀県指定自然記念物

所在地　米原市清滝337
樹　種　イブキ（ヒノキ科）　樹高10m　幹周り5.7m
樹　齢　700年（推定）
アクセス　電車　JR東海道線「柏原駅」より約1.4km
　　　　　車　国道21号津島神社前交差点より約1.3km
撮　影　2002年８月

沢村　祥延

ＪＲ東海道線柏原駅を下車すると、中山道六〇番目の宿「柏原宿」がある。近江と美濃（今須宿）の国境に位置するここには細い溝があり、それが現在の県境となっている。昔は街道を旅する人たちが壁越しに寝ながら他国の人と話しあえたという「寝物語」の伝承地である。「寝物語」は中山道の古跡として名高く、安藤広重の浮世絵にも描かれているほか、歌にも詠われている。

ひとり行く　旅ならなくに　秋の夜の　寝物語も　しのぶばかりに　（太田道灌）

長い町並みを歩いてみた。もぐさを製造販売している「亀屋」(＊)をはじめ、各町家が昔の屋号などを掲示しているのは宿場町らしくて興味をそそる。西端に来ると、「柏原一里塚」が復元されていた。昔は榎《エノキ》が繁っていたのだろう。今は、五間四方に盛り土されて「榎二世」が育っている。

中山道から北に入ると、目指す「清滝のイブキ」がある。京極氏が伊吹山から一株苗木を投げ、その飛んだ所を墳墓にした。そのとき飛んできて根づいたのがこの伊吹《イブキ》といわれている。県内最大級の伊吹の巨樹で、鱗状の葉が繁り、木芯部は独特の美しさを見せ、神秘性さえ感じさせる。

ここから参道を約二〇〇メートル上ると、京極氏の菩提寺である清滝寺徳源院がある。入り口の右側に、有名な「道誉桜」が大きく枝を広げている。「ばさら大名」として有名な京極高氏が植え、三一歳で入道となって「道誉」と号したことにちなんで「どうよざくら」と呼ばれ、春には見事な花をつける大樹である。京極氏歴代の石墓が集う壮観さとともに、京極氏の盛時を偲ぶことができる。

（＊）正式には「亀屋佐京商店」滋賀県米原市柏原2229　TEL：0749－57－0022

63

長岡神社《ながおかじんじゃ》のイチョウ

滋賀県指定自然記念物

所在地　米原市長岡1573
樹　種　イチョウ（イチョウ科）　樹高27m　幹周り5.7m
樹　齢　800年（推定）
アクセス　電車　JR 東海道線「近江長岡駅」より約0.4km
　　　　　車　　国道21号一色交差点より約3.5km
撮　影　2002年８月

沢村　祥延

ＪＲ東海道線近江長岡駅で下車して北に進むと、すぐに天野川を渡る。川沿いに長岡神社があり、この銀杏《イチョウ》が望める。昔は「岡神社」といい、素盞鳴尊《スサノオノミコト》を祭神として琴岡山に鎮座していたが、中世の時代に当地に移って「長岡神社」と名称を改めた。

銀杏は鳥居に向かって右前にあり、樹高は天を突き、今なお樹勢が旺盛な県内第一位の巨樹である。よく観察すると気根（銀杏の乳）が垂れ下がり、結実も盛んである。錦秋には、遠くからも黄金色の大樹が望める。

この銀杏は長岡神社とともに大きくなり、大切に育てられ保護されている。しかし、すぐ前が道路になって幹の根元がアスファルトで固められ、傷みが徐々に上がってきて樹皮がボロボロと剥がれやすくなっている。

ここ長岡神社には欅《ケヤキ》の大木もあり、自然いっぱいのすばらしさである。さらに、土地の人が大石を集めて長年をかけて築いたという伝説のある自然石の大灯籠がある。数メートルを見上げるような大灯籠は、銀杏や欅の大樹に溶け込んで厳かな雰囲気をつくっている。

ここに来て忘れてはならないのが、国の特別天然記念物に指定された「長岡のゲンジボタルおよびその発生地」（一九五二年指定）である。地元でも「米原市蛍保護条例」(＊)で保護し、季節にはホタルの飛びかうすばらしい「天の川ほたるまつり」（六月中旬）が開催され、多くの観光客が訪れている。

自然がやさしく守られている長岡の地で歴史を刻みつづけるこの銀杏を、ぜひともご覧になっていただきたい。

（＊）1972年に「山東町蛍保護条例」が制定され、その後、米原市誕生後、2007年10月１日に「米原市蛍保護条例」が施行された。

64 八幡神社《はちまんじんじゃ》のスギ

遠藤　喜美雄

滋賀県指定自然記念物

所在地	米原市西山612	
樹　種	スギ(スギ科)　樹高38m　幹周り5.7m(最大木)	
樹　齢	400年（推定）	
アクセス	電車	JR 東海道線「近江長岡駅」より約1.5km
	車	名神米原 IC より国道21号で一色交差点より近江長岡駅前を経由して約10km
撮　影	2002年８月	

琵琶湖の東側伊吹山（一三七七・三メートル）の裾野に位置し、関ヶ原とは隣り合わせの旧山東町一帯は古くから京に入る東の玄関口であり、江戸時代には中山道の六〇番目の宿場町（柏原宿）として栄えた。とくに、柏原宿では「伊吹もぐさ」を扱うもぐさ屋が最盛期には一〇軒もあったそうだ（一五三ページも参照）。

また、岐阜県との県境にあるこの周辺は、動植物の分布、餅の形状、だしの濃淡などの食文化、白木かベンガラ塗りかなどの建築文化、そして話し言葉などにおいて東西が交差する地域であり、特有の文化となって今に伝わっているといわれている。

八幡神社のある旧山東町西山は、滋賀県の最高峰で、美しい形を誇る伊吹山が間近に迫る地域である。社殿前の急な石段の両側にそびえ立つ杉が「杉並木」と称されるもので、全部で一七本ある。一九六五年三月五日、これらは山東町天然記念物に指定された。

八幡神社の創祀は七八二年といわれ、主祭神は応神天皇である。棟札に「一二六五年（文永二）修官願主大原判官時綱」とあり、鎌倉中期の武将である大原氏累代の庇護《ひご》が大きかったようだ。

また、豊臣秀吉(＊)が長浜城主であったときに武神として崇敬していて、その後大坂に城を構えてから淀君の安産祈願をこの神社にしたところ、無事に秀頼が生まれた。そのお礼として薩摩の国より杉の苗木を取り寄せて植樹したのが現在の杉並木になった、と伝えられている。別名「豊公薩摩大杉」といわれて、現在も地元の人たちから大変親しまれて大事に保護されている。

一〇〇段余りの石段を上り切った所に、桧皮葺の三間社流造の本殿と入母屋造りの拝殿が豊公杉に守られるようにひっそりとたたずんでいる。

（＊）（1537～1598）山崎の戦いで明智光秀を破り、信長の後継の地位を得る。その後、大坂城を築き関白・太政大臣。長浜城主の時は羽柴秀吉。

65

杉沢《すぎさわ》のケヤキ

滋賀県指定自然記念物

所 在 地　米原市杉沢822
樹　　種　ケヤキ（ニレ科）　　樹高27m　　幹周り5.0m
樹　　齢　600年（推定）
アクセス　電車　JR 東海道線「近江長岡駅」より近江鉄道バスの伊吹登山口行き３分
　　　　　車　　近江長岡駅前から県道244号で関ヶ原方面へ村木信号を左折し、杉沢まで約２㎞
撮　　影　2004年１月

今井　洋

伊吹山南麓の国道365号沿いにある旧伊吹町杉沢。昔は北国脇往還《ほっこくわきおうかん》が通り、中山道にも近く幾多の戦乱にまみれた交通の要衝である。南麓は鈴鹿山脈と出合う地形が鞍部《あんぶ》となっており、日本海側から太平洋側までの距離も短いために冬季は雪雲を伴った季節風が奥深く侵入し、しばしば突発的な降雪（ゲリラ吹雪）をもたらしている。

この杉沢集落のほぼ中央に勝居神社がある。設置板の説明によると、御祭神は天照大神《アマテラスオオミカミ》、素盞嗚尊《スサノオノミコト》、大国主命《オオクニヌシノミコト》で、垂仁天皇の御代から産土の神として崇められてきた。この神社は古くは「勝井」と呼ばれ、のちに「勝居大明神」と改められた。織田信長、丹羽長秀、羽柴秀吉などは勝居明神禁制の高札《こうさつ》を寄せ（社宝）、のちに賤ヶ岳合戦に向かう秀吉は神域の竹を伐って必勝祈願をして、「ゆく先のいくさにかち居明神の利生は旗の竿にありけり」の句を献上し、社殿の改修、社地の奉納も行っていると記されている。

神社境内には欅《ケヤキ》の大木が五～六本もあって、深閑として物静かな森を残している。由緒ある鎮守の森として保存されてきたのであろう。ここから伊吹山に向かって約一〇〇メートル行った集落の結界を示す所に「杉沢のケヤキ」（野神、一七三ページ参照）がある。杉の樹を抱え込むように生長した欅の巨木の姿は、誠に不釣合いにも映る。それは、針葉樹と広葉樹がきびすを接してともに大木に育つのが珍しいからだが、杉は深根性で、ケヤキは浅根性とうまく棲み分けているのであろう。

勝居神社にも「湧き水」があるが、伊吹山麓の名水として有名なのはお隣の大清水にある泉神社の湧水(＊)で、環境省の「名水百選」に選ばれている。

（＊）2000年涸れたことがないといわれ、１日の流水量は約4,500トン。年間を通して水温は11～12度。他県からも多くの人々が水を汲みに来ている。

66

諏《す》訪《わ》神社《じんじゃ》のイチョウ

［別名・乳銀杏《ちちいちょう》］

今井　洋

所 在 地　米原市上板並1759地先
樹　　種　イチョウ（イチョウ科）　樹高28m　幹周り6.6m
樹　　齢　300年以上（推定）
アクセス　電車バス　JR 東海道線「近江長岡駅」より近江鉄道バスの甲津原行き25分
　　　　　車　北陸道米原 IC より県道246.19.40号経由約17km
撮　　影　2004年１月

伊吹の里から県道40号に入り、奥伊吹方面に五キロほど行くと上板並《かみいたなみ》に着く。姉川の上流域にあたり、伊吹山地にいだかれた自然豊かな土地では渓流釣りが盛んである。その東にある国見峠は、かつて西美濃と北近江を結ぶ主要道で、人や物資が盛んに行き来していた。

戦国時代末期、家康と親交のあった本願寺第十二世教如上人(*)が美濃の国で石田三成軍に追われ、この峠越えで上板並の万伝寺にのがれてきた。そのときに持っていた杖をやれやれの思いで地面に突き刺したところ、その場所から清水が湧きでてきたという。その水は「教如水《きょうにょすい》」と名付けられ、今も湧きつづけている。

集落に入り、「板並ふれあいの里」の所で姉川を西に渡った森の一角にこの銀杏《イチョウ》がある。今は小さな祠があるだけの諏訪神社だが、わずかに昔の面影をとどめている。武田信玄が亡くなったために当地出身の乳母が帰ってきたとき、信玄が崇拝していた諏訪神社が勧請され、その記念にこの銀杏が植えられたと伝わっている。

一見したところ、なんと奇妙な姿をした銀杏だろうという印象だ。多くの気根が垂れ下がり、実におどろおどろしい姿をしている。気根のあるものはとても大きく、長さ約二メートル、直径約三〇センチもあって滋賀県でも有数のものである。杉林に囲まれているとはいえ、人があまり近寄らない場所であるせいか環境に恵まれて育ったようだ。

姿に似合わず、この銀杏は別名「乳銀杏」と呼ばれて親しまれている。乳児をもつ母親からは乳がよく出るようにと崇められ、無事育児を終えた母親からはしばしばお礼参りされた御神木という伝承が残っている。

(*)(1558〜1614) 安土桃山時代から江戸時代にかけての浄土真宗の僧。東本願寺第12代法主。

67 吉槻《よしつき》のカツラ

滋賀県指定自然記念物

所 在 地　米原市吉槻1429－1
樹　　種　カツラ（カツラ科）　樹高20m　幹周り8.6m
樹　　齢　1000年（推定）
アクセス　電車バス　JR東海道線「近江長岡駅」より近江鉄道バスの甲津原行きで30分
　　　　　車　北陸道米原ICより県道246.19.40号経由約20km
撮　　影　2004年1月

今井　洋

吉槻の「槻《ツキ》」は欅《ケヤキ》の古称で、行基（六六八〜七四九）が東大寺建立のために良質の欅を献上した際、「よい欅であった」ということで「吉槻」の地名を賜ったといわれる。このとき行基は、吉槻で伐りだした用材を吉槻の西へ七廻り峠を越えて草野川から琵琶湖に運びだしたと伝承されている。いまだに、なぜ本流から運びださなかったのかと謎となっている。

吉槻の里は、月神ゆかりの（＊）桂《カツラ》の巨木でも知られている。曲谷《まがたに》の円楽寺の住職慶山（江戸初期の僧）は、この吉槻の里を「姉川の水にうつりし月影は里の名におふ光なりけり」と詠んでいる。どうやら吉槻は、古来より有名な「月の里」でもあったようだ。

吉槻集落を流れる姉川を東へ渡った上り坂の中腹にこの桂は立っている。この道は、桂の木にちなんで「桂坂」と呼ばれている。桂は萌芽力が旺盛で次々と蘖《ひこばえ》を出し、主幹が朽ちても蘖が命をつないでいく。また、桂は一年にわたって姿を変えることでも珍しい木である。早春の芽だしは赤紫の産《うぶ》なおめかしをして、夏には四方に緑の枝を悠々と伸ばして森をつくり、手前の茅葺き屋根とあいまって懐かしい田舎の風景を創出し、秋には黄葉化し、微かなカラメルの甘い芳香を振りまいて得もいわれぬ風情を装っている。

吉槻集落は「石仏の里」と呼ばれるほど石仏が多く祀られており、それらが大事に保存されている。集落の人々の祈りは、石仏を通して先人の心に触れて未来へと伝えられていく。石仏を回ってみると、途方もない長い年月の歴史が刻み込まれた土地であることがよく分かる。

（＊）中国の説話に、月には桂の木があり、伐っても伐ってもすぐに切り口が塞がり不死の木とされる。

68

大寶神社《だいほうじんじゃ》のスギ

所 在 地　米原市多和田1557
樹　　種　スギ（スギ科）　樹高35m　幹周り4.0m
樹　　齢　300年（推定）
アクセス　電車　JR 東海道線「醒ヶ井駅」より約4.7km
　　　　　車　　北陸道米原 IC より約2.5km
撮　　影　2004年１月

沢村 祥延

名水の地、ホタルの町として有名な醒ヶ井駅は「歴史遺跡の宝庫」ともいわれ、緑の里山と田園の中に歴史ロマンが広がっている。『万葉集』で「鳰鳥《におどり》の息長川《おきながかわ》は絶えぬことも君に語らむ言尽きめやも」（巻二〇、四四五八）と詠まれた息長川は、現在の天野川のことである。息長橋で川を渡ると古代豪族息長氏の中心地であり、そこに山津照《やまつてる》神社がある。

大寶神社は、同じ多和田地区の中央に位置している。数段の石段を上って参道を進むと拝殿に至る。祭神は建速須佐之男之命《タケハヤスサノオノミコト》で、大宝年間（七〇一〜七〇四）に勧請されたといわれる。社領の全域が緑に覆われ、思わず厳粛な気持ちとなって身が引き締まる思いがする。なかでも、杉の大樹は社殿の周りを警護するかのように林立して圧巻である。本殿などの建物群、多くの石造物（弘化二年の刻印あり）とあわせて樹皮の白っぽい杉の大樹が並ぶ姿は壮観としかいいようがない。

背景にある山脈がカブト山(＊)（三〇〇メートル）で、大寶神社の横に登山口があり、よく整備されていて案内板に従って安全に進むことができる。カブト山には木楢《コナラ》や椚《アベマキ》が繁っており、国蝶であるオオムラサキが育つ所でもある。この里山が国蝶を育てたともいえるほど保護活動に尽力されている人たちもいる。一度お会いしたが、自然を大切にする気持ちには敬服した。

ここ多和田地区は「近江真綿《おおみまわた》」の産地でもある。江戸中期以降、真綿加工技術が進み、有数の加工産地として名を残している町である。現在も真綿の特質を生かした真綿羽毛布団、真綿和紙などを生産し、滋賀県の「伝統商工芸品」として活動している。

（＊）頂上付近には壬申の乱で有名な「息長横河の戦い」に関連した列石遺構がある。ドウダンツツジの美しい春に登山をすれば、昔時《せきじ》を想い描ける。

69

力丸《りきまる》のサイカチ

今井　洋

滋賀県指定自然記念物

所 在 地　長浜市力丸町84
樹　　種　サイカチ（マメ科）　樹高11m　幹周り3.6m
樹　　齢　500年（推定）
アクセス　電車　JR北陸本線「長浜駅」より近江鉄道バス「浅井町役場」乗替「力丸」下車
　　　　　車　　北陸道長浜ICより約20分
撮　　影　2003年12月

湖北小谷山の東側、田園地帯が北に入り込んだ所に力丸の集落がある。力丸は十数戸の小さな集落だが、観地神社の伝統神事を毎年二月初めに催行するなど、地域文化の継承に努めている。町名の由来の一つとして、本能寺の変の際、織田信長に森蘭丸とともに従っていた弟の力丸が幼少のために一命を逃れてこの地に落ちのびて僧となり、主人や兄の菩提を弔うかたわら住民のよき相談相手となり、「力丸さん」といわれて慕われたというのがある。

この集落の自慢がこの皀莢《サイカチ》の巨木で、古文書によると、聖徳太子が北陸巡行のときお手植えになったものと伝承され、御神木として大切に保存されている。

皀莢は落葉高木で、本州中部以西の川岸などに育つ水辺特有の樹木で、珍しい偶数羽状複葉をつけ、幹から出て枝分かれする大きなトゲが特徴となっている。初夏に淡黄緑色の花を咲かせ、秋には三〇センチ程度の不規則にねじれた濃紫色の種子が実り、その中には黒褐色の種子が一〇～二五個入っている。樹液をよく出すので、カブトムシなどの昆虫が大好きな樹の一つである。

植物の種子は風や水で運んでもらうほかに、動物をうまく利用して生育範囲を拡げている。皀莢の場合、その役割はナウマン象(*)ではないかという説がある。ナウマン象が皀莢の実を食べ、糞として出た種子が発芽するという仕組みである。ナウマン象が絶滅したときから種子散布が行われず、皀莢は衰退したと推測されている。動植物の共進化を考えるうえで、数万年にもわたる壮大な話である。

(*)ゾウの化石哺乳類。約30万年から約15000年前まで日本などの東アジアに生息した。ここに挙げる説は『種子たちの知恵』(多田多恵子著)による。

70 南《みなみ》濱《はま》神社《じんじゃ》のイチョウ

藤林　道保

所在地　長浜市南浜町1160
樹　種　イチョウ（イチョウ科）
　　　　樹高26m　幹周り4.1m（名木誌より）
樹　齢　200年（推定）
アクセス　電車　JR 北陸線「長浜駅」より近江鉄道バス「琵琶工業団地」下車、徒歩10分
　　　　車　湖岸道路の姉川大橋北詰を姉川上流方向に向かい約0.7km、堤防の左手方向
撮　影　2003年12月

南濱神社は建速須佐之男命《タケハヤスサノオノミコト》を祭神とし、その創祀年代は明らかではないが、古くは「午頭天王社《ごずてんのうしゃ》」と奉称して天王前なる地に鎮座していた。しかし、姉川のたび重なる洪水によって荒廃するのを避けるために現在の中浜の地に移遷され、一八六九年に「西濱神社」と改称した。社伝によれば、延喜式神名帳にある「近江国浅井郡比伎多理《ひきたり》神社小一座《こいちざ》」とあるのがこの神社であると言い伝えられている。そして、一八七七年に村社に列せられ、現在の社名となった。

湖岸道路の姉川大橋の北詰から姉川上流に向かってすぐ、堤の裾近くにこの神社はある。その境内には、見事な銀杏《イチョウ》の巨木が叢林《そうりん》を形成している。銀杏の巨樹は各所の神社、仏閣で多く見られるが、これほどの銀杏の巨樹が集まっているのは珍しいだろう。そのなかでも、写真の奥に見える銀杏はひときわ目立っている。

銀杏は、中国原産の落葉高木である。その樹皮は淡褐色で、不揃いに縦裂《じゅうれつ》している。老木になると「気根《きこん》」と呼ばれる乳柱が垂れ下がり、その形状から「乳銀杏」と呼ばれることが多い気根は空気中に出てきた根といわれ、銀杏によく見られる現象である。この樹の横に雌木があり、秋にはたくさんの実をつける。特有の匂いを放つが食すればおいしい。秋には鮮やかな黄色になり、整った円錐形となる樹形から人々に愛されている。

日本では、室町時代に植栽が始まったとされる。材は軟らかくて緻密であるために用途は広く、器具類（碁盤、将棋盤、指物箱）、彫刻（印材、版木、木魚）、建築用材、家具材などとして利用されている。神社、寺院に植栽され、信仰の対象ともなって伐採されないことから巨木になるものが多い。

71 えんねのエノキ

今井　洋

滋賀県指定自然記念物

所 在 地　東浅井郡湖北町田中200
樹　　種　エノキ（ニレ科）　樹高10m　幹周り4.6m
樹　　齢　250年（推定）
アクセス　電車　JR北陸線「河毛駅」より湖北町タウンバス「田中口」下車、徒歩５分
　　　　　車　　北陸道長浜ICまたは木之本ICより約20分
撮　　影　2004年１月

湖北の名山、山本山（三二四・四メートル）の東南麓約一キロに「田中」という集落があり、この東部の一角に写真の榎《エノキ》が枝を広げている。「えんね」とは、当地での榎の呼び名である。東には湖北の広々した田園地帯が広がり、伊吹山が望まれる。日がよく当たる風通しのよい公園で伸び伸びと育った太い枝が何本も空に向かって広がり、大きなキノコ状の樹形を形成している。

榎は一里塚に植えられたことがよく知られているが、ほかにも村境や橋のたもとに道標や道祖《どうそ》神《じん》の御神木として植えられ、それが景観木ともなって日除けにも利用された。名古屋周辺では家屋敷の乾《いぬい》（北西）の隅に榎を植え、鎮めの神を祀って「福榎」と呼んだという習わしが伝えられている。

民俗学者の柳田國男（一八七五〜一九六二）が榎について「人間栽植の最も古い歴史を持っている」(*)と述べているように、ともかく榎は人なつっこい木で山野ではあまり見られない。したがって、巨木も人里に見られるのだが、これは榎が平坦で土が深い所を好む性質のためらしい。

この榎の根元には、野神を祀る小さな社が設けられていた。韓国では神と人間の間を取りもつ樹を「堂山木《タンサンモク》」と呼んで、その横に堂宇・神堂などを造って祭祀を行っている。その堂山木は、榎をはじめ銀杏、松、槐《エンジュ》など樹齢が長い樹が多いらしい。よく似た文化であり、韓国との近さを改めて感じる。

榎の下に「治水整圃」の碑が立てられていた。湖北は古来より姉川の氾濫で水難の歴史を繰り返しているが、水の事故がなく整った水田を保ちたいという農民の願いを野神さんへの祈りに示したものであろう（一七三ページ参照）。

（＊）『柳田國男全集第19巻』（筑摩書房）より。柳田は榎に思い入れがあったようで、数々の「榎の民俗学」を述べている。

滋賀の巨木

滋賀県は、日本列島の本州において、日本海と太平洋の距離がもっとも短い部分に位置する内陸県である。すなわち、福井県敦賀市の若狭湾から伊勢湾の三重県四日市市付近までの距離が約九〇キロしかない所に位置している。そのため、日本海型気候と太平洋型気候の中間的な準日本海型気候区に属しており、植物においても日本海側と太平洋側の植物が見られる特異な地域である。

そんな位置関係のせいだろうか、国、県指定の天然記念物となっている群落や巨樹・巨木なども多い。滋賀県は面積・人口など統計的に全国の約一パーセントを占めているが、巨木の比率は約二・一六パーセントと少し高くなっている。一九九一年の環境庁（現環境省）が発行した「日本の巨樹・巨木林」によると、実調査巨木本数と推定巨木本数（未調査）を合わせた全国の巨木（巨樹）本数は一二万三八六六本であるが、滋賀県内の同本数は二六八三本となっている。比率が高いのは、内陸県がゆえに昔から天災・地変が少なかったことが考えられる。

巨木が残っている場所は、神社・寺院が約七〇パーセント、個人の家にあるのが約五パーセント、その他公共的な場所に約一〇パーセントとなっている（現時点で一三五三本とされている）。

この数字からして、巨木として生長するためには人とのかかわりが必要なことが分かる。これらの巨木は注連縄《しめなわ》を張られて御神木として崇められ、昔から自然神信仰においては神霊が宿ると考えられて、神の「依代《よりしろ》」として畏敬の対象として手厚く守られてきた。

滋賀県には、東海道、中山道、北国街道などの江戸時代からの街道が通っており、歴史を秘めた伝説や言い伝えが残っている神社や寺院が街道筋に多い。また、近江商人の例でも分かるように個人の大邸宅も多い。それらをふまえると、巨木は「歴史の生き証人」といえるのではないだろうか。織田信長、豊臣秀吉、浅井長政、そして石田三成が駆け回って戦いの場となったこの滋賀の地の様子を、これらの巨木はまちがいなく見てきたのだ。そんなことを考えながら巨木の前に立つと、壮大なる歴史ロマンを感じてしまう。

滋賀県の巨木を語るうえにおいて「野神《のがみ》」（野大神とも表記）のことを忘れるわけにはいかない。滋賀県の「野神」の風習は湖南・湖東・湖北地方に残っており、とくに湖北地方では多くの地域で大きな行事の一つとして脈々と引き継がれている。

「野神」は、特定された神を祀るのではなく、自然神信仰の対象として田・畑を守る神に鎮座を願う場所であり、五穀豊穣を祈願する神として祀られている。集落の入り口や郷境《ごうさかい》などに塚を築いたり、スギやケヤキなどの巨木を神の依代《よりしろ》としてきた。「山の神」が春先に里に降って「田の神」となる。その神が鎮座する場所、それが「野神」なのである。

高月町　雨森の家並み　湖国百景に選ばれている

高月町　のどかな田園風景が広がっている　左端に野神の塚が見える

田の神は、秋の収穫が終わると再び山に帰ってゆくといわれている。素朴な民俗信仰の現れでもある。米づくりの一年において、農民が一番怖れたのは風水害だった。そのため、二一〇日の直前、つまりお盆から八月二五日までに「野神祭り」が村ごとに行われ、平穏無事と五穀豊穣を祈ってきた。

「野神」の中でも特筆すべき所がある。それは、伊香郡高月町内のものだ。高月町は滋賀県の北部に位置し、琵琶湖に面してのどかな田園風景の広がる近江米の産地でもある。また「観音の里」としても知られ、観音参りの観光客がたくさん訪れる所でもある。

以下で、渡辺大記氏（滋賀県立大学大学院人間文化学研究科地域文化学専攻博士課程）が書かれた論文「野神に見る、人間と自然との共生の形態」（『人間文化』二〇号、二〇〇七年三月所収）を参考にして、その実体を記してみよう。

高月町には三二の集落があるが、現在、野神祭りを行っていないのはわずかに三集落だけである。高月町内の各集落を、野神の依代の種類で分類すると以下のようになる。

❶樹木――一六集落（洞戸、高野、柏原、渡岸寺、柳野中、西野、東高田、唐川、磯野、西物部）

以下は、二集落の共有である。（持寺・尾山、保延寺・雨森、重則・松尾）

❷塚――六集落（井口、馬上、森本、高月、布施、横山）

❸石碑――四集落（熊野、東阿閉、西阿閉、東物部）

❹祠——一集落（西柳野）
❺自然石——一集落（落川）
❻野神なし——四集落（東柳野、新井口、宇根、片山）

＊東柳野は「野神」と称される樹木や塚はないが、野神祭りは集落の神社で神主が執り行っている。

野神の樹木ではスギが一番多く九集落、次いでケヤキが五集落、以下サクラ、サカキが各一集落となっている。また、唐川のスギ、柏原のケヤキ、西物部のケヤキなどは滋賀県を代表する巨木であり、その大きさや樹形のよさがゆえに見る人を圧倒し、感動させている。現在は石碑やこんもりとした塚を「野神」としている集落でも、以前はその場所に巨木があったと伝えられているし、また大きな根の跡が残っている塚もある。

野神祭りは各集落によって若干異なるようだが、集落の区長、役員や年長者らが参加して、当番となった地域住民の主導のもとに行われている。三日前から準備に入る集落もあり、祭日の開始は早朝の真っ暗な時間から始める所が多く、各集落での一大イベントの一つとなっている。

野神さんへの神饌《しんせん》は、米、塩、水、お神酒のほか、地元で採れた夏野菜や海・野・山のものの一品などとなっている。それら以外に、必ず準備しなくてはならないのが料理だ。塩サバ、白酒、シメサバ、エビ、キュウリ、赤飯、ささげ豆、ソラマメ、イワシなどと、各集落によって準備するものが違うが、昔から伝承されてきたことが現在においても守られている。

湖北地方に点在する巨木は、そのほとんどが「野神」として位置づけられるだろう。注《し》連《め》縄《なわ》が張られ、新しい御幣が飾られ、ほかの地方に立つ巨木がうらやむぐらい敬われている。このわれわれの先祖が継続してきた自然神信仰の行事を、維持継続することが現代に生きる人々の使命だと思っている。

唐川のスギ（水彩画：辻　宏朗）

72

西物《にしもの》部《べ》のケヤキ

所 在 地　伊香郡高月町西物部410地先
樹　　種　ケヤキ（ニレ科）　　樹高20m　　幹周り6.3m
樹　　齢　300年（推定）
アクセス　電車　JR 琵琶湖線「高月駅」より約1.5km
　　　　　車　　国道８号の高月町役場前交差点より約１km
撮　　影　2006年10月

辻　宏朗

ＪＲ琵琶湖線高月駅を西へ一・五キロほど行った所に西物部集落がある。見渡すかぎり黄金色に稲穂が実っている。黄金色の平野の彼方にポツンポツンと緑のかたまりが見える。鎮守の森か、野神の樹木か、ひときわ高くそびえた樹も見える。

ここ高月町は「観音の里」といわれ、有名な仏像だけで二五体以上が点在している。己高山《こだかみやま》を中心とした湖北の地に古くから残る仏教文化の影響であろう。そしてもう一つ、野神信仰がある。野神信仰は仏教信仰とは異なったもので、自然神信仰の対象として田畑を守る神に鎮座を願う場所であり、五穀豊穣を祈る神として祀られている。高月町には三二の集落あるが、そのほとんどの集落で野神祭りの行事が行われ、夏の終わる八月の盆すぎから一週間ぐらいと決まっている（一七三ページ参照）。

西物部の欅《ケヤキ》は集落の中ほどにあり、築かれた塚の上に鎮座している。その木の前には、大きく「野大神《のがみ》」と彫られた石碑が立てられている。幹は少々弱り気味で、樹木医の治療を受けた痕が大きく残っている。墓地に隣接していて、じゃまになるものがないため大きく枝を広げ、敷地も広くもらって根も十分に伸びているように思うがなぜ弱ってきたのだろうか？　塚は土の表面が剥きだしでボロボロと崩れて殺風景な感じがするが、幹の太さ、枝の広がり、樹形も整っていて「野大神」の貫禄は十分にある。

欅は巨木になると葉が小さくなる。種子は翼をもたないが枯れ葉の残る枝についたまま落ち、葉を翼の代わりにして風に乗って運ばれていく。種子の付く枝の葉は普通より小さく、これを「着果枝《ちゃっかし》」という。このような場所では、実生が生長していくことはない。

73 唐川《からかわ》のスギ

辻 宏朗

所在地	伊香郡高月町唐川371
樹　種	スギ（スギ科）　樹高20m　幹周り7.6m
樹　齢	400年（推定）
アクセス	電車　JR琵琶湖線「高月駅」よりコミュニティバス「唐川」下車すぐ
	車　国道８号千田交差点より約0.6km
撮　影	2002年６月

ＪＲ琵琶湖線高月駅からコミュニティバスの唐川で下車すると、すぐにそれと分かる杉の巨木がそびえている。三本の木のように見え、主幹が白く、上のほうは枯れ枝が目立って緑の葉が少ない。独立樹のためにほかに比べるものがないが、幹周り七・六メートルは杉では県内二番目の大きさである。

幹は地上五メートル位の所で三本に分かれており、真ん中の幹は白骨化していてツタが絡んで繁っている。長老の話では、「昔、雷が落ちた」と言う。梢は枯れているのが目立つが、近くで見るかぎりまだまだ元気そうで立派な姿だ。湖北平野の風を一手に受けるためだろうか、大きな杉皮が剥《は》がれてぶら下がっている。風雪に耐えた歳月の重みだろう。姿・樹形・大きさなど、多くの人々に好まれる巨木の一つである。

この地域は昔から水害に悩まされていたので、それを治めるために観音を沈めて目印としてこの木を植えたといわれている。「観音の里」高月らしい話だ。

北側の山裾に唐喜山赤後寺がある。本尊は、厄を転じて利を施す「コロリ（転利）観音」として親しまれていたが、いつのまにか、長患いをせずに極楽往生に導く観音様といわれるようになり、現在では熟年の参拝者が多い。

この先、南東方向に二キロほど行くと西野集落がある。一八四五年、西野薬師堂の西野恵荘住職は、たびたび氾濫する余呉川から村を守るために西方の山麓をくり貫き、琵琶湖に排水する全長二五〇メートルの西野水道（滋賀県史跡）を完成させた(*)。現在は、一九八〇年に新設された余呉川放水路がその役目を果たしている。

（＊）初代西野水道は整備保全されており、見学が可能。入場料は無料で、現地には見学用の長靴、ヘルメット、懐中電灯が用意されている。

74 柏原《かしはら》のケヤキ

滋賀県指定自然記念物

所在地　伊香郡高月町柏原字北町739
樹　種　ケヤキ（ニレ科）　樹高22m　幹周り　8.4m
樹　齢　300年以上（推定）
アクセス　電車　JR琵琶湖線「高月駅」より約0.5km
　　　　　車　　国道365号柏原南交差点すぐ
撮　影　2006年5月

辻　宏朗

ＪＲ琵琶湖線高月駅を北へ五〇〇メートルほど行くと向源寺に着く。一般に「渡岸寺《どうがんじ》」といわれて親しまれているが、渡岸寺は地名であり正式には「向源寺」である。国宝に指定されている木造十一面観音菩薩像が全国に七体あるが、そのうちの一体がここに安置されている。天平時代の泰澄《たいちょう》(＊)作と伝わり、日本彫刻史における最高傑作といわれている。

向源寺の広い参道から東へ約三〇〇メートルで国道365号に出る。左折すると、柏原南交差点の角に目指す柏原の欅《ケヤキ》がある。誰もが、ひと目見たらその姿に感嘆の声を上げるだろう。とにかく大きい。このような大きな樹があるのか、とても生きている樹には見えない、何か大きなかたまりを置いているようにさえ見える。地球上で一番大きな生き物は巨木だと私は思っているが、まさしくそれが実証できる欅だ。こぶこぶとして歳月を経た幹に大きく広げた枝、均整のとれた樹形、それらは欅独特の姿をしている。

樹の傍に「野大神《のがみ》」と刻まれた石碑があった。土地（田）を守る神が宿る場所を表し、毎年八月に野神祭りが執り行われ、五穀豊穣をお祈りする行事が行われている。

『高月町史』(＊＊)によれば、高月町は昔から多くの欅があったことから地名を「高槻」（槻はケヤキの古名）といっていたが、近くの高月川（現在の高時川）から美しい月を見た平安時代の歌人大《おお》江匡房《えのまさふさ》が次の歌を詠んだことから「高槻」を「高月」と改めたといわれる。また、高槻の地名の名残りとしてＪＲ高月駅の近くに神高槻神社《かみたかつきじんじゃ》が残っている。

近江なる　高月川の　底清み　のどけき御代の　かげぞ映れる

（＊）(682～767) 奈良時代の修験道の僧。越前国麻生津（福井県南部）の出身。
（＊＊）高月町編『高月町史――景観文化財編』（高月町、2006年）

75

天川《アマカワ》命《ノミコト》神社《じんじゃ》のイチョウ

辻 宏朗

滋賀県指定自然記念物

所 在 地　伊香郡高月町雨森字宮前1185
樹　　種　イチョウ（イチョウ科）　樹高32m　幹周り5.7m
樹　　齢　300年以上（推定）
アクセス　電車　JR琵琶湖線「高月駅」より約1.6km
　　　　　車　　国道365号井口南交差点より約0.5km
撮　　影　2002年5月

高時川の堤防に出た。大きな川が流れ、遠くに山々が連なり視界が広がってくる。その昔、月が美しく見えることから月見の名所だったという案内板がある。もちろん、今も美しい月を見ることができる。また、五月のゴールデンウィーク前後、この堤防には一〇〇匹あまりの鯉のぼりが泳ぐ。柏原の集落の人たちが持ち寄ったものだろうか？　その鯉のぼりのトンネルは壮観で、多くの観光客たちが集まってくる。

堤防沿いに雨森《あめのもり》集落があり、その中ほどに天川命神社がある。大きな注連縄《しめなわ》が真新しい鳥居とよくマッチしている。その鳥居のすぐ横に大銀杏《おおいちょう》がそびえている。そばに寄ると樹皮も美しく、思わず抱きつきたい衝動に駆られた。地元では「宮さんの大銀杏」と呼ばれて親しまれている。

県内最大級と思われる銀杏は雄の木で、多くの気根が見られる。五月ごろ、垂れ下がった房に黄色の小さな花をいっぱいに付け、それが落下すると黄色のジュウタンを敷き詰めたようになる。そして秋には、黄色く染まった黄葉のジュウタンを敷き詰め、二度もわれわれの目を楽しませてくれる。また、ここの銀杏の葉はことのほか小さく、秋には大人の親指の爪ぐらいの大きさの葉をたくさん落している。あまりのかわいらしさに、思わず拾ってしまうという衝動にかられてしまう。

雨森集落の中央には小川があり、美しい清水が溢れんばかりに流れている。小川には大きなコイが泳ぎ、水車がコットンコットンと回っている。そばでおばあちゃんがダイコンを洗っていた。ここ雨森地域は、村づくり活動で滋賀県の近隣景観形成協定の第一号に認定された所で、「雨森の家並み」として湖国百景に選ばれている。(＊)

(＊) 近くに東アジア交流ハウス「雨森芳洲庵」があり、江戸時代の儒学者雨森芳洲の業績を称えた資料館となっている。

76 黒《くろ》田《だ》のアカガシ

河添　幸司

滋賀県指定自然記念物

所 在 地　伊香郡木之本町黒田字大沢2381
樹　　種　アカガシ（ブナ科）　樹高15m　幹周り　6.9m
樹　　齢　400年（推定）
アクセス　電車　JR 北陸本線「木ノ本駅」から約２km
　　　　　車　　北陸道木之本 IC から北へ約1.5km
撮　　影　2008年10月

北から南へと流れていた余呉川が黒田神社の前から急に西に向きを変え、山裾に沿って琵琶湖へ注いでいる。暗い北国の山々がつづき、雲が低い。冬になると雪に閉ざされる黒田の里である。黒田は五つの小字《こあざ》が寄って「大字黒田」と称していて、その小字の一つ、戸数二〇戸足らずの大沢に赤樫《アカガシ》が育っている。

近くにある近江西国観音霊場第十番札所「大沢寺」の鐘楼の鐘には、「一四一二年（応永十九）」の銘があり、賤ヶ岳《しずがたけ》の合戦で柴田勝家の家臣である佐久間盛政が敵方の羽柴秀吉の軍兵が着陣したことを味方に知らせるために乱打したと伝えられている。余呉湖へ通じる山道のわきにそびえる赤樫の巨木には兵どもが駆けめぐった足跡が残っているのか、長い歴史を感じることができる。

湖北地方では、巨木を御神木として奉り、住民たちは「野神さん」として信仰している所が多い。この黒田の赤樫も、毎年八月一七日には農業関係者や住民が集まって御幣（＊）を立てて注連縄《しめなわ》を新調して、五穀豊穣を祈る野神祭が斎行されている。また、一九九〇年には「国際花と緑の博覧会」を背景に読売新聞社が選んだ「名木百選」にも選ばれ、多くの人々が訪ねるようになった。

一九九五年、樹木医によって若返りの治療が施された。木の肌も、赤樫の特徴である薄紅色に戻って美しくなった。山道に沿ってどっしりと根を下ろし、天を覆う枝振りや表面の無数の洞《うろ》は野の神としてふさわしく、ゴツゴツとした樹形が古木の風格を感じさせる名木である。

一般に積雪の多い地域には巨木が少ないといわれている赤樫だが、当地は琵琶湖に近く暖かいため巨木に生長し、学術的にも価値が高いといわれている。

（＊）神祭用具の一つで、白い紙を短冊のように折って、幣串に挟んだもの。

77 高《たか》尾《お》寺《じ》跡《あと》の逆《さか》スギ

辻 宏朗

滋賀県指定自然記念物

所 在 地　伊香郡木之本町石道（山の中）
樹　　種　スギ（スギ科）　　樹高35m　　幹周り7.8m
樹　　齢　1000年（伝承）
アクセス　車　　国道８号の石作神社前交差点を東へ約３km、石道寺経由徒歩30分
撮　　影　2006年11月

木之本町石道にある石道寺の国指定重要文化財の木造十一面観音立像はもっとも美麗な秀作として有名で、訪れる人も多い。その石道寺から奥へ瀬谷川をさかのぼって五分ほど走ると橋がある。その手前左側に「高尾寺跡」の小さな看板があり、杉木立の中を踏み分けて入っていく。所々にビニールの紐が結んであり、道しるべとなっている。毎年四月二九日、逆スギに新しく注連縄《しめなわ》を奉納するために地元の人たちが通る道である。

急な山道を三〇分ほど登った所で、急に道が平坦になった。そしてそのとき、驚くべき光景が飛び込んできた。目的の逆スギが両手をいっぱいに広げて立っているのだ。直径二メートル余りのこの樹はとにかく大きい。これだけ大きな杉の木を見るのは初めてだ。樹皮は黄色っぽく光っているように見える。

杉の木の枝は、横か下に向かって伸びるのが普通だが、この樹は上に向かって伸びている。上へ上へと伸びる枝は、不動明王の光背の炎のようにも見える。地元の人たちは、この枝を根っこに見立てて「逆スギ」と呼んでいる。

高尾寺は、七二四年に行基が開基した。高尾山中腹に堂宇を興し、紅葉山高尾寺と唱え、牛頭天王を鎮守とし勧請して祀ったと伝えられている。平安時代初期、最澄(＊)によって衰退している高尾寺が再興され、己高山《こだかみやま》仏教文化圏の中心的存在として隆盛をきわめた。そして、一五〇〇年に麓の神前《かみさき》神社境内に移転して「己高山高尾寺」と呼んだ。現在、旧高尾寺跡には小さな石の祠が建てられ、そのそばに「最澄の倒れ杉」と伝えられるこの逆スギがある。

(＊)(767〜822) 平安時代の僧で、天台宗を開く。近江国滋賀郡古市郷（現在の大津市）に生まれる。生年に関しては766年という説もある。

78

権現《ごんげん》スギ

藤林 道保

所 在 地　伊香郡木之本町川合1277
樹　　種　スギ（スギ科）　樹高35m　幹周り　6.5m
樹　　齢　600年（推定）
アクセス　電車　JR北陸本線「木ノ本駅」より近江鉄道バスの金居原行きで「近江川合」下車、約0.3km
　　　　　車　国道303号川合信号より約0.6km
撮　　影　2008年11月

記紀伝承上の天皇である開化天皇の皇子日子坐王をはじめ大俣王以下七柱の王方を祭神とする佐波加刀《さわかと》神社は、延喜式内社に列せられる古い神社である。石造りの常夜灯と「延喜式内社　佐波加刀神社」と彫り込まれた石碑に導かれる参道入り口の石鳥居をすぎると、すぐ右手に神馬像と御祭神、そして由緒を認めた碑文石が目に入ってくる。その碑文石には、次のような説明書きがあった。

「本社は元　百聞山に御鎮座ありしを　天平年間（七二九～七四九）この地に遷坐す　社殿は一六六一年（万治三）及一八五一年（嘉永三）に再建せられしものなり　当社は延喜式神名帳に載せられたる近江国一百五十五座のうち伊香郡四十六座の随一なり　即ち神紋は一の宮の文字を図案化せしものなり　御神体八体は明治三十四年（一九〇二）国宝に編入せられ　更に昭和二十五年（一九五〇）重要文化財に指定せられり」

碑文石の前をすぎ、数段の階段を上がるとゆるい上り勾配の石畳が繰り返しつづくという参道があり、それを上り詰めた所に本殿が鎮座している。その本殿の左手、境内社である八幡宮の鳥居の前に権現杉はそびえていた。株元には「権現の杉」と銘された小さな石碑が埋められている。

訪れたのは晩秋のころであったが、付近に植えられた木々の紅葉と比べて若干少なめに見える葉の濃い緑がよく映えていた。地際から五メートル近い位置より、太い枝があたかも幹から分かれたように並行に伸び上がっている。かなりの高さまで下枝がまったくないことと、樹皮の色合いが白いために老樹の趣を備えているが、それを打ち消すほどの力強さを感じさせる樹である。

79 火《ひ》伏《ぶ》せのイチョウ

今井　洋

滋賀県指定自然記念物

所在地　伊香郡木之本町杉野的場3957
樹　種　イチョウ（イチョウ科）　樹高27m　幹周り　4.3m
樹　齢　300年（推定）
アクセス　車　北陸道木之本ICから国道８号を経て国道303号に入り約10km
撮　影　2006年11月

木之本から東へ国道303号に入ると、まもなく高時川とも分かれて支流の杉野川流域に入っていく。民家がほとんど見当たらない山間の地を走っていると、どこへ通じているのだろうかと一抹の不安がよぎるほど静寂の地である。

杉野は、過去大火に二度も見舞われて集落の数十戸が全焼したのだが、この銀杏《イチョウ》に守られて寺は焼失を免れたと伝えられている。この稀有《けう》な伝承が銀杏を神にまで昇華させたようだ。たしかに、京都などにも「水噴き銀杏」と呼ばれ、建物や人を救ったという話が伝えられている。火が迫って周りが熱くなったとき、樹体内の水分を一気に蒸発させる姿が水を噴いたように見えるというのがその真相のようである。

この樹木の防火の役割が学術的に証明された例もある。神戸が震災で丸焼けの状態になったとき、たった一列の粗樫《アラカシ》並木で火勢が止まってアパートが焼け残ったし、山形県酒田市の大火でも、椨《タブ》の老木二本が延焼を喰い止めたという有名な話もある。酒田市では、歴代市長がこれを教訓にして「椨の木《タブノキ》一本＝消防車一台」と提唱し、学校などの要所に植栽したということである。

防火樹としては、椨、珊瑚樹《サンゴジュ》、椎《シイ》、樫《カシ》、黐の木《モチノキ》、椿《ツバキ》、白だも《シロダモ》などが使われている。銀杏はどちらかといえば例外らしい。日陰になるとか落葉時の掃除が大変だなどと表面的に見るだけでなく、人の命や財産を守ることもあると積極的な評価もしてほしい。

「火伏せの銀杏」は、樹冠がきれいに丸く二段になっていてとても印象深い。与謝野晶子(*)が「金《こん》色《じき》のちひさき鳥のかたちして銀杏ちるなり岡の夕日に」（歌集『恋ごろも』一九〇五年、所収）と詠んだが、黄金色の葉を敷きつめたこの銀杏の景観のことではないと思うほどである。

（*）(1878～1942) 明治時代から昭和時代にかけて活躍した歌人、作家、思想家。大阪府堺市出身。夫は与謝野鉄幹。

80

菅山寺《かんざんじ》のケヤキ

辻 宏朗

滋賀県指定自然記念物

所在地　伊香郡余呉町坂口字大箕山672
樹　種　ケヤキ（ニレ科）　樹高23m　幹周り7.5m
樹　齢　800年（推定）、1000年余（伝承）
アクセス　電車　JR北陸本線「余呉駅」より約4km（約2kmは山道）
　　　　　車　北陸道木之本ICから約2km、坂口集落より徒歩約2km（山道）
撮　影　2003年11月

木之本から旧北国街道を北へ二キロほど走ると余呉町の坂口集落に入る。この北国街道は「東近江路」と呼ばれ、江戸時代には北陸と京都をつなぐ主要幹道として栄えた。その整備は、柴田勝家が賤ヶ岳《しずがたけ》の戦いに備えたことに始まるといわれている。

集落の街道沿いに朱塗りの大鳥居がある。ここから山道を尾根まで登り、少し下った所に大箕《だいき》山《さん》菅山寺がある。菅山寺は、七六四年に孝謙天皇の命により開基された真言宗豊山派の古刹である。当初は「竜頭山大箕寺」と号したが、八八九年に菅原道真が宇多天皇の勅使として入山して再興し、大箕山菅山寺と改められたと伝わる。現在、楼門、本堂、護摩堂、如法径堂《にょほうきょうどう》、天満宮などが残っており、無住であるが地元の人々によって大事に保護されている。

山門の左右に、菅原道真のお手植えと伝わる樹齢一〇〇〇年を超える二本のケヤキの巨木が、幹に苔類をともなってそびえている。山門に向かって左側の欅《ケヤキ》は幹回り七・五メートル、樹高二三メートルで樹勢は衰えていない。右側の欅は、幹回り六・五メートル、樹高一三メートルで、幹に大きな空洞があり、全体に傷みがひどく枯死が心配される。山門と二本の欅と苔むした石段、まるで千古の昔にタイムスリップしたかのような錯覚を覚えさせる。

山門を出て、少し下って行くと朱雀池に出る。請雨《しょうう》に功験のある霊池と伝わるだけに、厳かで神秘的な感じがする。その池の傍《かたわ》らに近江天満宮がある。菅原道真（七五ページも参照）は一一歳までここで勉学に励んだとする伝説があるほか、余呉湖の天女羽衣伝説の天女の子が菅原道真とする伝説もある（二〇三ページも参照）。

81 菅並《すがなみ》のケヤキ

辻　宏朗

滋賀県指定自然記念物

所在地　伊香郡余呉町菅並字白谷口285
樹　種　ケヤキ（ニレ科）　樹高32m　幹周り　8.2m
樹　齢　700年（推定）
アクセス　電車　JR北陸線「木之本駅」より湖国バス洞寿院行きで「菅並東口」下車すぐ
　　　　　車　国道365号より県道284号を約９km
撮　影　2003年11月

ＪＲ北陸本線の木之本駅から旧北国街道を北へ五キロほど、余呉町役場前を右折して高時川沿いにしばらく行くと丹生《にゅう》神社がある。丹生神社の大祭は「茶わん祭り」の名で知られ、上丹生の曳山茶わん祭りとして、県の無形民俗文化財に指定されている。茶わん祭りの曳山の高価な水引幕や見送り幕、舞楽の衣装などは、当地域の往古の繁栄を物語っている。近くに「茶わん祭りの館」(＊)が開館しており、県内最古の奇祭といわれる祭礼に関する資料が展示されている。

丹生神社から約五キロで菅並集落に入る。集落のはずれ、右手に巨木が鎮座している。ほとんど人の手が付けられていないのであろう、欅《ケヤキ》独特の自然の樹形で、枝を四方八方に広げて堂々と構えている。幹回り八・二メートルは欅では県内三番目の大きさだが、根ばり、枝ばり、樹高などを総合すると第一位の貫禄が十分にある。

樹皮には苔類がびっしりと着生して種々な宿り木が育っているが、「お構いなし」といった様子で立っている。巨木のそばを小川が流れており、その上を欅の根が横切って小さな橋となっている。直径八〇センチぐらいはあるだろう、根が伸びてきたのか？　それとも地面が下がったのか？　巨木のたくましさが再確認できる。

ここ菅並では、毎年正月二日に京都の愛宕神社から御神符をいただいて供える習わしがある。そのせいだろうか、この欅は「愛宕大明神」と呼ばれて集落の火の神様とされている。また、明治の終わりころ、横を流れる白谷川が氾濫して土砂が流されたとき、この木が堤防代わりとなって土砂を食い止め、近くの民家が助かった。それ以来、集落の守り神としても大事にされている。

（＊）滋賀県伊香郡余呉町丹生3224　TEL：0749－86－8022　JR余呉駅から送迎あり。

82
全《ぜん》長《ちょう》寺《じ》のスギ

所 在 地　伊香郡余呉町池原885
樹　　種　スギ（スギ科）　樹高30m　幹周り5.8m
樹　　齢　400年（推定）
アクセス　電車　JR北陸本線「木之本駅」より湖国バス柳ケ瀬方面行き「今市」下車、約0.5km
　　　　　車　　国道365号片岡小交差点より0.5km
撮　　影　2005年4月

辻　宏朗

余呉町役場から国道365号を北へ二キロほど走ると池原集落に入る。その集落の中ほどに久沢山全長寺がある。本堂と位牌堂は、ともに滋賀県重要文化財に指定されている。境内には四季折々の美しい花々が植えられており、のどかな風景を醸しだしている。本堂に向かって左側にグランドがあり、周囲には若い桜が満開の花を付けていた。大きな杉の木陰が絶好の休憩場所となるのだろう。地元の人たちがグランドゴルフに興じるなど憩いの場となっているようだ。

これらの人たちとお寺を見守るかのように杉の巨木がそびえている。近くに建物などじゃまになるものがないためか、枝打ちもされず自然の姿を映しだしている。この杉は、葉がこんもりと丸く繁り、巨木の特徴がよく出ている。樹皮を触ってみるとしっとりと湿っており、若々しくまだまだ生長しているように見える。

この付近は賤ヶ岳の古戦場だった所で、お寺を取り巻く四方の山々には現在も陣地の跡が残っている。なかでも北方の林の中にある砦跡は、柴田勝家の身代わりとなった毛受勝照《めんじょうかつてる》が数千に及ぶ秀吉軍と壮絶な戦いを繰り広げて全員が討ち死にした所である。山麓の森に毛受兄弟の墓があり、全長寺が供養寺となっている。

境内にある観音堂には、湖北の数ある観音の中でも奇仏といわれる「青面馬頭観音像」が安置されている。座高六〇センチほどの寄木造りで、美しい彩色が施されている。頭上には馬頭と二つの側面仏をもち、焰髪忿怒《えんぱつふんぬ》(＊)の相で六臂の立像である。忿怒相の顔をしている像だが、実に美しく、やさしい姿をしている。

(＊)髪の毛を炎のように逆立てて、憤り・怒った形相のこと。

樹訪会《きぼうかい》（レイカディア・シニアサークル）

二〇〇三年四月、社会福祉法人滋賀県社会福祉協議会レイカディア振興部による「中高年者のサークル・仲間づくり支援事業」として「シニアサークル巨木ウォーキング」を立ち上げた。そして、早速二〇〇三年五月二一日（大津市内）、六月一一日（高月町・木之本町）、七月九日（守山市・栗東市）と三回のウォーキング会を開催した。

これがきっかけとなって、その後自主活動として、五〇歳以上の人々を対象として「樹訪会」という会を結成し、メンバーの健康・体力維持のためにウォーキングで巨木を訪ねる企画をスタートさせた。歩いていける巨木の場所は限定されるが、本書ですでに紹介してきたように巨木の数からすればコースづくりに困ることはない。私がコース設定をし、四人の協力者とともに下見を行い、当日の世話と引率をするという役割分担をして、二〇〇三年一〇月から最後となった二〇〇六年一〇月までに一八回開催した。

日ごろ意識をしていなかった巨木を見るということもあって結構人気が高まっていき、最終的には四〇人の参加を数えるようになった。実は、人気が高まった理由は巨木だけではなかった。巨木の見学とともに、その土地にある史跡・名勝や信楽陶芸村、キリンビール多賀工場、「太田道灌」の銘柄で有名な草津の太田酒造に行って試飲をするという計画を盛り込んだコース設定が人気を呼んだ理由だと思っている。

とくに、二〇〇四年の新年会を兼ねたウォーキングでは彦根城の中堀に隣接する松並木「いろは松」を見に行き、本シリーズのスポンサーでもある「株式会社たねや」が経営されている「たねや　美濠茶屋」で昼食会を催したのだが、その雰囲気とお料理に参加者一同「新年の例会に最適な場所！」と最高の盛り上がりをみせた。

この会、現在は解散している。というのも、私が一七回目あたりから体調を崩したからだ。会員の方々から「残念です」「頑張って下さい」「再結成を希望します」といった励ましやお見舞いをいただいたこと、そしてよい仲間づくりができてよかったと、今改めて思っている。まだ、完全な回復をしたわけではないが、「樹から気をもらって」樹訪会の再結成をしようかとも思っている。本書の刊行が、その背中を押してくれるのかもしれない。そのときは、またみなさんにご連絡をさせていただきたい。

樹訪会のみなさん「たねや美濠茶屋」前にて（2004年１月29日）

83

天女《てんにょ》の衣掛《ころもがけ》ヤナギ

所在地	伊香郡余呉町川並地先余呉湖畔
樹　種	アカメヤナギ（ヤナギ科）
	樹高18m　幹周り3.9m（二叉）
樹　齢	150年（推定）
アクセス	電車　JR 北陸本線「余呉駅」より約0.3km
	車　国道365号余呉湖口交差点より約１km
撮　影	2005年11月

辻　宏朗

ＪＲ北陸本線余呉駅前の県道33号を右折すると余呉湖(＊)が輝き、小さな家並みが横に帯のように延びた左遠方には賤ヶ岳（四二二メートル）が霞んでいる。三〇〇メートルほど先に、それと分かる樹形が枝を大きく広げて見える。地上一メートルぐらいの所から二叉に分かれている。幹は風雪に耐えてきたのだろう、ゴツゴツとして逞しい感じがする。そばに、天女伝説の謂《いわ》れを書いた古びた看板が立っていた。この樹には、次のような「余呉湖の天女」伝説がある。

昔、余呉湖のほとりに桐畑太夫という男が住んでいた。ある日のこと、湖岸の柳の木に掛かっていた天女の衣を持ち帰ったのが由縁でその天女と夫婦となり、男の子をもうけた。しかし、やがて天女は天界に帰り、残された男の子は近くの菅山寺に預けられて菅原道真になったという伝説である（『滋賀の名木誌』参照）。

この木は赤芽《アカメ》柳《ヤナギ》といって、一般的なしだれ柳に比べて葉が短く幅が広い。一見すると柳に見えないのだが、れっきとした柳である。琵琶湖畔では多く見られるこの樹、県内では最大級と思われる巨木である。

遠くに川並集落の家並みが見える。集落の裏山に貼り付くように険しい石段がつづいている。眼下に余呉湖を望む場所に、集落の守護神「北野神社」がある。北野という名前からして、菅原道真と北野天満宮とを結び付けたものだろうか。

この地方の冬はとても寒く、雪がたくさん積もる。一面の雪野原に赤芽柳の巨木が吹雪にかすんでいる風景、何といっても風情がある。

（＊）面積1.8㎢。東西0.9㎞、南北1.8㎞。長らく閉鎖湖であったが、余呉川からの水が1958年に建設された導水路を介して流れ込んでいる。

84

香取五神社《かとりごじんじゃ》のタブノキ

所在地　伊香郡西浅井町祝山288
樹　種　タブノキ(クスノキ科)　樹高22m　幹周り6.5m
樹　齢　500年（推定）
アクセス　電車　JR湖西線「近江塩津駅」より国道８号に沿って南東約2.6km
　　　　　車　　国道８号の塩津交差点より東へ約0.6km
撮　影　2008年10月

藤林　道保

古来より、敦賀で陸揚げされた物資は海津や西浅井の塩津・大浦・菅浦に陸路で運ばれ、再び船積みされて大津方面へ湖上輸送された。敦賀から塩津に通じる「塩津街道」は、平安時代からのメインルートであった。国道8号の塩津浜交差点脇に一八三四年に建立された常夜灯が残っており、往時の繁栄を偲ぶことができる。

その常夜灯から見て東方の山並みの裾に、紅葉のころになればひときわ際立った樹形の銀杏《イチョウ》が見える。それを目指して少し進むと、香取五神社の石鳥居がある。創祀年代は一六一三年と伝えられ、塩津にある香取神社の氏子との間でもめ事があり、祝山《ほりやま》地区が分離して現在の地に社殿を建てたのが創始とされている。全体にきれいでこざっぱりとした雰囲気があり、ていねいに管理されていることがうかがえる。

鳥居をくぐると社殿までつづくきれいな参道があり、その両側と社殿の背後に広がる境内は、さながら巨木が集う鎮守の杜の趣がある。石鳥居の傍《かたわ》らには、伐られて幾許《いくばく》も経たないと思われる直径二メートルに近い杉の切り株につづいて参道両脇や境内各所に林立する杉の巨木群、そして社叢に覆われた本殿の背後に、主幹に大きなコブをいくつもつけた椨《タブノキ》の木がたたずんでいる。コブの多くはコケやそのほかの着生植物に覆われ、主幹もかなり傷ついて朽ちてはいるが、長年耐え抜いてきた生命力を感じずにはいられない。

社殿前方にも椨の木の巨木があるが、社殿背後にあるこの樹は明らかに樹齢の差があり、同じ樹種かと疑うほどの違いを見せている。

85

應昌寺《おうしょうじ》のシラカシ

所在地　伊香郡西浅井町塩津中４
樹　種　シラカシ（ブナ科）　樹高18m　幹周り9.1m
樹　齢　600年（推定）
アクセス　電車　JR湖西線「近江塩津駅」より南約1.4km
　　　　　車　国道８号線の塩津中信号から東方へ約0.2km
撮　影　2008年10月

藤林　道保

この白樫《シラカシ》は『近江名木誌』（一九一三年刊）に記載されている名木で、次のような伝承がある。「此木、古来より神木として尊重せしか、元亀の頃（一五七〇～七三）、織田信長、朝倉義景を伐たんとして此地を過ぎ当寺の門前に至る。忽ち、空中より何者か之を突けるが如き感をなし落馬せざるを得ざりき、即ち気を励まして再び乗馬するに又同じ如斯《かくのごとき》こと三度心中恐れなして之を里人に問う。里人曰く、此寺内に古神木あり、故に寺前を馬にて通過するもの皆之が為に落馬す。公亦之にあらざるなきを得んやと信長即ち馬を下りて之を拝し後此所を去れりと云う」

当時、権勢を謳歌した織田信長をも恭順《きょうじゅん》した應昌寺が名刹であったことを伝える伝承であるが、今は無住寺となり、小さな本堂が残るのみである。

近江塩津駅前を通る国道8号を琵琶湖方面に向かってほどなく行くと、左手に塩津小学校がある。学校の側の道を進むと迫る山並みの裾に神照寺があり、目指す應昌寺が隣接している。その背後の急な斜面にそそり立つように根を下ろしているこの白樫は、数本の木が寄り集まった集合体のような感じがするほどの様相をもっている。空洞化した主幹の内部には別の木の根と思われるようなものが交差して骨のように通っていて、凄まじい雰囲気すら漂わせている。何百年もの間、風雪を耐え抜いて生きてきたのだろうという力強さを感じさせる。

材が白いために「白樫」と書くが、樹皮が黒色なので「黒樫《クロカシ》」と呼ぶ地方もある。山地に自生するが剪定に強く、中部から関東地方では生け垣や庭園樹として植えられている。花は黄色で房状に多数つけ、実（ドングリ）は一年で完熟する。

86

清《しょう》水《ず》のサクラ

藤林　道保

滋賀県指定自然記念物

所在地　高島市マキノ町海津字清水760
樹　種　エドヒガンザクラ（バラ科）
　　　　樹高16m　幹周り6.4m（二叉）
樹　齢　300年（推定）
アクセス　電車　JR湖西線「マキノ駅」より約2.3km
　　　　車　国道161号海津大崎口交差点より敦賀方面へ0.6km
撮　影　2009年4月

海津の町はずれの墓地の中に一本大きくそびえる江戸彼岸桜《エドヒガンザクラ》で、主幹は地際からあまり離れない高さで大きく分かれ、それぞれが主幹の趣をもっている。この品種特有の、開花から満開に至るまでの期間に見られる花の色の移り変わりはすばらしい。

この桜のすぐそばには北国・北陸から京・大阪に通ずる物資・交流の要路がある。その昔、加賀藩主前田利家侯が上洛の折にこの地に着き、琵琶湖を一望しながら追坂峠を下った所で見事に咲き誇るこの桜を何度も振り返りながら愛でたことから「見返りの桜」とも呼ばれるようになった。

水上勉の小説『櫻守』では、「山桜を正絹やとすると、染井はスフどすな……」と言い切る竹部を生涯の師と仰ぎ、終生を桜への思いに尽くす庭師の弥吉が「……か、かいづや」の一言を残して他界する。生前、多いときには毎年四度も五度も足を運んでツルや蘖《ひこばえ》を取り除くなどして見守りつづけていた功績で、この江戸彼岸桜のもとに迎え入れられて永眠している。まさに、この江戸彼岸桜のすばらしさを伝えるにふさわしい物語である。

ここから一キロほど琵琶湖寄りに「海津大崎の桜並木」がある。一九三六年六月に大崎トンネルが完成したのを記念して、マキノ町の前身である海津村が植樹した。現在では樹齢七〇年を超える約六〇〇本の染井吉野《ソメイヨシノ》が琵琶湖岸沿いに四キロにわたって桜のトンネルをつくり、日本さくらの会(*)が選定する「日本のさくら名所百選」にも選ばれている。春、今津港やマキノ湖岸から運行される観桜船上からの眺めはすばらしいの一言である。ただ、満開時期は一週間近く江戸彼岸桜のほうが早いので、海津大崎の桜と同時に満開を楽しむことは難しいかもしれない。

（＊）1964年に設立された。〒162－0055　東京都新宿区余丁町７－１　発明学会ビル５F　TEL　03－3225－3355　http://www.sakuranokai.or.jp/

87 白谷《しらたに》の夫婦《めおと》ツバキ

所在地　高島市マキノ町白谷343
樹　種　ヤブツバキ（ツバキ科）
　　　　男椿　樹高8.6m　　幹周り2.6m
　　　　女椿　樹高8.6m　　幹周り1.6m
樹　齢　600年（推定）
アクセス　車　湖北バイパス（国道161号）沢ランプより マキノ高原方向へ北上約5.4km
撮　影　2008年４月

藤林　道保

冬には近郊型スキー場として賑わうマキノ高原に向かう途中に、「新日本街路樹百選」にも選ばれている樹齢約四〇年、樹高二〇メートル余りのメタセコイア（約五〇〇本）が二・四キロにわたってつづく並木道がある。マキノ高原入り口からさらに一キロほど行くと白谷集落があり、ここに『安寿姫と厨子王』の物語に縁があると伝わっている「夫婦椿《ツバキ》」がある。ご存じの通り、この物語は丹後地方に伝わる伝説上の長者の話が浄瑠璃として流行し、それを森鴎外が『山椒大夫』(*)として著したものである。安寿姫と厨子王が、織田信長の側近津田信澄の里である大村郷へ送った椿の苗が育ち、この地の守護神となったという。

民話の中に生きる由緒ある椿を大事に守りつづけようと思ってか、隣接して白谷荘民俗資料館（西近江学校歴史博物館）(**)が建てられている。代々地元の庄屋を務めてきた大村家の平入り茅葺母屋は、一七九一年に造られた合掌三階建てで、「大浦型」と呼ばれる民家の典型とされている。当地の調査に訪れた民俗学者がこれを見て「室町期の京都の民家に類似しており、非常に貴重なもの」と指摘したことから、持ち主の大村進氏が家屋全体を一般公開するために一九七五年に民俗資料館とした。現在、二万点余りの小学校関連資料を収蔵する滋賀県内唯一の学校歴史博物館である。

毎年春になると健気《けなげ》に花をつけるこの椿だが、主幹のすぐそばまで積まれた石垣と、その反対側にある道路に根が踏みつけられていることなどを考えると生育環境は厳しい。主幹の再度の修復治療などの対策にもかかわらず、年々花が少なくなっているのが少し心配である。

（＊）森鴎外が1915年に「中央公論」に掲載した作品。
（＊＊）滋賀県高島市マキノ町白谷343　TEL：0740－27－0164

88 大處神社《おおところじんじゃ》のカツラ

所 在 地　高島市マキノ町森西175
樹　　種　カツラ（カツラ科）　樹高25m　幹周り5.3m
樹　　齢　600年（推定）
アクセス　電車　JR湖西線「マキノ駅」より湖国バスの近江中庄駅行きで「森西」下車
　　　　　車　　国道161号沢ランプより約1.3km
撮　　影　2008年4月

藤林　道保

小川に架かる石造りの小橋の傍《かたわ》らにある「郷社 大處神社」（「郷社」は土に埋っている）と刻された石柱をすぎて石鳥居をくぐり、参道に導かれて拝殿に至る少し手前に小さな石造りの反り橋がある。四月の初めにここに訪れてたたずむと、まず目に入るのが緑の杉の木の向こうに天に向かって伸びる桂《カツラ》の木だ。枝が紫紅色の新芽に覆われ、樹全体がまるで紫紅色の薄絹で覆われるがごとき姿である。

境内中央に拝殿があり、その後ろに同じ大きさと形式の二棟の社殿がある。右側が大處神社の本殿、左は境内社の酒波《さなみ》神社である。大處神社は六七一年の創祀で、「元国主大明神」と称して大国主命《オオクニヌシノミコト》の荒御魂《あらみたま》を祀る式内社である。この地は往古の高島郡十郷の一つで「大處郷」と伝えられ、その総社となっている。

社伝によれば、大處神社社地およびその近傍で大地主大神営田《おおじぬしのおおかみえいでん》のとき、白猪、白馬、白鶏を御歳神に供えたことの縁故で祈年祭には献猪の式があった。また、猪の獲れないときは調布八反を献じたと伝えられている。正月元旦祭の御供調理は、古代より宮中、伊勢神宮にちなんだ特殊神饌《しんせん》を奉献している。

本殿と酒波神社の傍らに競うようにそびえる二本の桂は、ともに数本の蘖《ひこばえ》をもち、桂の株に多く見られる株立ちの様相もあわせもっている。二株の桂の巨木が春の芽吹きには紫紅色に包まれ、初夏から秋までは爽やかな緑、秋には黄葉、そして落葉後のよく伸びた梢など四季折々に見せる姿の変化はすばらしく、訪れる人々を温かく迎えている。

89

今津《いまづ》のコブシ

辻　宏朗

所 在 地　高島市今津町深清水2380地先
樹　　種　コブシ（モクレン科）　樹高18m　幹周り3.2m
樹　　齢　200年（推定）
アクセス　電車　JR 湖西線「近江中庄駅」西へ約２km
　　　　　車　　国道161号から湖北バイパス沢ランプすぐ
撮　　影　2009年４月

国道161号の饗庭《あいば》交差点からマキノ方面へ湖北バイパスを行き、沢ランプを下りて側道に出る。奇妙な形をした林が側道沿いにつづいている。幹の直径が二〇～三〇センチぐらい、背丈が二メートルぐらいで樹皮はきれいに削り取られて白くツルツルしている。木の樹皮を削って手入れをしていた人に聞くと、これは今津名産の富有柿《ふゆうがき》の果樹園で、ここの富有柿は直径一〇センチぐらいで大きく、シャキシャキした触感で甘みが強く、秋の味覚を代表する果物として人気があると言っていた。

ここ今津町の深清水《ふかしみず》に大きな辛夷《コブシ》の木があると聞いて、三年越しのトライでやっとその姿に会うことができた。辛夷の花は四、五日の寿命。天候が悪かったり、時期が遅かったりで心配していたが、やっと青い空に浮かぶ白い花を眺め写すことができた。

この辛夷は、民家の空き地にひっそりとたたずんでいる。白い花は上品で気品さえ感じさせる。幹は地際から三本に分かれてそびえ、蔦《ツタ》が巻き付いて上へ上へと登っている。蔦を見上げると、その上から白い固まりが満天の星のように被さってくる。秋に実る果実は多数の袋果《たいか》が密に集まった集合果で、ブドウのような塊状になる。この果実が「握り拳」に似ていることから「コブシ」の名が付いたといわれている。

地方によっては、苗代《なわしろ》づくりなど農作業の時期を決める目安として利用され、農事の指標木として大事にされている。ある老人に聞いたことがある。「コブシの花が多い年は豊作」とか「コブシの花は、一〇ヶの内二ヶ上向けば照り年、みんな下向けば降り年」など、昔から人々の生活に溶け込んだ樹であることがよく分かる。

90

阿志都弥神社《あしづみじんじゃ》のスダジイ

藤林 道保

滋賀県指定自然記念物

所在地　高島市今津町弘川1707－1
樹　種　スダジイ（ブナ科）　樹高15m　幹周り6.5m
樹　齢　1000年（伝承）
アクセス　電車　JR湖西線「近江今津駅」より近江鉄道バス「弘川口」下車、南へ約0.2km
　　　　　車　湖北バイパス（国道161号）弘川ランプより県道弘川口信号を右に折れてすぐ
撮　影　2008年10月

陸上自衛隊の今津駐屯地と細い道路を隔てて、阿志都弥神社と行過天満宮《ゆきすぎてんまんぐう》が鎮座している。名で示されるように、東参道の石鳥居をくぐると天満宮の象徴である牡牛の像と梅鉢の紋をあしらった鞍を乗せた馬の像が参詣の人々を迎えている。

抽象的な造形を連想させるゴツゴツした、およそ樹皮とは及びもつかない凹凸のある樹皮をもつこの樹は、その前に立つ人々をまちがいなく驚愕《きょうがく》させる。傍《かたわ》らに立てられた「滋賀県自然記念物」の指定を示す案内板で伝承樹齢が一〇〇〇年であることを知ると、長年の風雪に耐え、繰り広げられたさまざまな営みを眺めつづけてきたことに想いをめぐらすと同時に、この樹の生命力に畏敬の念を覚える。ちなみに、このすだ椎《スダジイ》、この樹種では県内第二位の太さである。しかし、樹皮に蘚苔《せんたい》類の発生があることや根元に腐朽《ふきゅう》の兆しが現れていることから樹勢の衰えは否めず、手当てが必要ではないかと思われる。

また、この神社には山桜の巨木（樹高一九メートル・幹周り四・四メートル）もある。とくに由緒は伝えられていないが、本社の御祭神を「桜花大明神」とも称されることから桜とのかかわりが深かったと推察される。

神社の社名や祭神、鎮座地が変更されたり、ほかの神社に合祀されたり、また一度荒廃したあとに復興されたりした場合、式内社の後裔《こうえい》と目される神社が複数になることがある。その場合、それぞれの神社を「論社《ろんしゃ》」といっている。また、行過天満宮の由来として、九九八年、菅原道真公が加賀権守《かがごんのかみ》への赴任の途上に阿志都弥神社に参詣され、御詠吟してすぎゆかれたとの縁から行過天満宮を建立されたとする説がある。

91 酒波寺《さなみじ》のエドヒガンザクラ

所 在 地　高島市今津町酒波727
樹　　種　エドヒガンザクラ（バラ科）
　　　　　樹高25m　　幹周り3.5m
樹　　齢　400年（推定）
アクセス　電車　JR湖西線「近江今津駅」よりバス「今津総合運動場」行き「酒波口」下車徒歩15分
　　　　　車　　湖北バイパス（国道161号）弘川ランプより国道303号経由約3.6km
撮　　影　2007年４月

藤林　道保

別名「行基桜」として名高いこの江戸彼岸桜《エドヒガンザクラ》は、ＪＲ近江今津駅の北西約四・五キロの山麓にある真言宗智山派の酒波寺にある。

酒波寺は、聖武天皇の御願によって七四一年に行基によって開かれた。行基自らが本尊の千手観音像を刻んで安置したとも伝えられる観音堂のすばらしさは、遠く都の人々の噂になるほどであった。「高島七ヶ寺（＊）」の一つに数えられたが、中世に兵火に遭って消失し、現在ある観音堂は江戸時代に僧覚仁によって建てられたものといわれている。山腹を利用し、本堂・書院・庫裏・護摩堂《ごまどう》・鐘楼などが古寺らしいたたずまいを見せている。

昔、周囲の谷川に村人を困らせる大蛇が棲んでおり、酒を飲ませて退治をしたことからこの土地を「酒波《さなみ》」と呼ぶようになったという。この集落の北側の山麓に位置する長い参道の両脇は、春になると江戸彼岸桜や染井吉野《ソメイヨシノ》で彩られるが、山門に至る石の階段の中ほどには目を奪うほどの大きな江戸彼岸桜がある。山側の枝は痛々しく枯れているが、これは中世に兵火に遭った際に焼けた部分の名残と伝えられている。

江戸彼岸桜は染井吉野と異なり長寿であり、各地に巨木となって保全されている。酒波地区の近くでも、深清水《ふかしみず》地区の竹生島を借景として眺められる「竹生桜」や二本の江戸彼岸桜が並ぶ「夫婦桜」などの巨木があり、これらを順にめぐるウォークラリーが毎年行われている。「清水《しょうず》の桜」も加えて一巡するのも楽しいものである（二〇八ページも参照）。

（＊）他の６寺は、長法寺、世喜寺、松蓋寺、太山寺、米井寺、大慈寺である。

92

邇《に》々《に》杵《ぎ》神社《じんじゃ》のツクバネガシ

所在地　高島市朽木宮前坊289
樹　種　ツクバネガシ（ブナ科）　樹高30m　幹周り5.8m
樹　齢　400年以上（推定）
アクセス　電車　JR湖西線「安曇川駅」から江若交通バス「学校前」下車、徒歩約20分
　　　　車　　国道161号青柳交差点より西へ約20km
撮　影　2008年10月

増田　泰男

ＪＲ湖西線安曇川駅からバスに乗っておよそ三〇分で「学校前」駅に着く。そこから少し戻って橋を渡り、だらだら坂を一〇〇メートルほど行くと邇々杵神社に着く。バス停前にある観光案内所（＊）にはレンタサイクルもあるので、自然や歴史の詰まった朽木地区をサイクリングして回るのもいいだろう。

毎年五月の第二日曜日に行われる春祭り（御輿の渡りや鉾の行列がある）や正月以外は閑散としている神社の鳥居をくぐると拝殿があり、北寄りに三間社流造りの本殿、南寄りに一間社流造りの本殿がそれぞれ東面して立ち、多宝塔が神社の拝殿に向かって左方に立っている。神社の草創は明らかでないが、往時はすぐそばにあった神宮寺と一体をなしていたものと考えられている。もともと多宝塔は神宮寺に属していたのであるが、一九五一年に神宮寺が焼失してからは神社に属して現在に至っている。

多宝塔には、通肘木の上端に「天保十三年壬寅五月十三日」の墨書銘があり、この時期（一八四二年）に新造したと考えられている。屋根は現在桟瓦葺きになっているが、こけら軒付が全面に残っているので当初こけら葺きであったのだろう。

衝《ツク》羽《バ》根《ネ》樫《ガシ》は、本殿を囲む透かし塀のうしろ外側にある。杉木立の中で、黒茶っぽい樹皮に多くの浅い裂け目が荒々しく刻まれているこの巨木はひっそりとそびえ立っている。この漢字の由来は、枝先の葉が五枚外側にやや反っていて、正月の羽根突きの羽根に似ていることからである。

この木のそばに立って上を見上げると、幹が勢いよく四方に広がって、この樹全体がまるで巨大な「衝羽根」のようにも見える。

（＊）琵琶湖高島観光協会朽木支所。高島市朽木市場777（道の駅「朽木新本陣」内）　TEL：0740－38－2398

93 朽木《くつき》のトチノキ

所在地　高島市朽木平良地先
樹　種　トチノキ（トチノキ科）
　　　　樹高30m　幹周り6.45m
樹　齢　400年（推定）
アクセス　車　国道367号梅ノ木信号を左折、「古屋・生杉・麻生」方面へ右折。梅ノ木より15分で、探訪案内の松原氏宅
撮　影　2009年4月

増田　泰男

二〇〇八年一一月、朝日新聞滋賀県版に「県内最大のトチの大木見つかる」という記事が掲載された。すぐにも探訪と手配をしたが、所有者の松原さんなどとの日程調整が付かないまま積雪の季節を向かえた。この願いは年を越し、二〇〇九年四月にようやく訪れることができた。松原さんの案内で「広間」と呼ばれる山に入った。この山は、松原家が丹精を込めて植林をしているおよそ六ヘクタールの広さがある。山道は細い急傾斜で、沢沿いに約一五分ほど登ると大きな桂《カツラ》の木があった。実測はしなかったが、二本の主幹と周辺の蘖《ひこばえ》をあわせると十分巨木といえる。

そこからさらに急傾斜を登ると、栃《トチノキ》の木が数本見えてきた。一九六〇年代半ばまでは一帯に栃の木の大木があったが、床の間などに使う銘木として買い付けられ、大半が切り倒された。しかし、さらに数分登った所に堂々とした勇姿を現すこの栃の木は、あまりに大きくて業者も切り取ることを諦めたそうである。

樹は小さな沢に沿った四〇度近い傾斜にまっすぐ立ち、二〇メートル近い枝を数本横に伸ばしていた。根は、部分的に逞しく露出しつつしっかりと大きく張っている。樹皮は欅《ケヤキ》の巨木と同様裂け目があり、剥離しそうな状態である。トチ餅などの材料となる栃の木の実は、若い樹では年ごとに実成りが違うが、この大樹は毎年豊富に実を付けて秋に風が吹くと大量に落下するようだ。いまや繁殖しすぎて問題となっている鹿が、その実を求めて集まってくるらしい。

栃の木の周辺は松原さんが植えられて四〇年ほど経過した杉林であるが、市場に出してよい価格になるのはあと五〇年ほど先であるといわれ、林業が三代がかりで行っていく大変な仕事であることを改めて知らされた。

注意：この木を訪れる時は、「高島森林体験学校（0740－38－2527）」へお問い合わせ下さい。

94 森神社《もりじんじゃ》のタブノキ

所在地　高島市新旭町旭1156
樹　種　タブノキ（クスノキ科）　樹高25m　幹周り5.9m
樹　齢　1200年以上（伝承）
アクセス　電車　JR湖西線「新旭駅」から徒歩約10分
　　　　　車　　国道161号線新旭より約1km
撮　影　2004年1月

増田　泰男

ＪＲ湖西線新旭駅の東口より北東に約一〇分行った所に森神社がある。南北朝の一三八五年、大和国より勧進して産土神として奉祀《ほうし》、それ以来「道祖神」と称していたが、一八六八年（明治元年）に現在の社号に改められて一八七七年に村社となった。拝殿は入母屋造で、屋根の葺替えは一八七二年より一〇年ごとに行われている。地域の神社として約一〇〇名の氏子が大切に守っており、毎月一日と一五日にお宮参りが欠かさずに行われている。

本殿のうしろにある御神木の椨の木《タブノキ》は樹齢一二〇〇年と伝えられていて、椨の木としては西浅井町の香取五神社（二〇五ページ参照）、彦根城についで県内第三位の大きさである。地面の四方に根の上部がゴツゴツと露出していて、その根から蘖《ひこばえ》がそこかしこに立ち上がっている。根元から三メートルぐらいの幹部は暗褐色の樹皮にコブがボコボコと盛り上がり、所々縦方向に亀裂ができていて年代の古さを感じさせる。この森神社には、椨の木以外に幹周り三メートル以上の欅《ケヤキ》、榎《エノキ》、銀杏《イチョウ》、すだ椎《スダジイ》などが多数あり、よく手入れされているのが分かる。

椨の木はもともと暖地性の常緑高木で、海に近い所に多く自生するとされているが、湖北の地に生きつづけているのは琵琶湖の温暖作用によるものと考えられている。椨の木は別名「イヌグス」という。植物には、本物より劣るものに動物の名前を付けて呼ぶことがあるが、同じ科の本物の楠《クスノキ》よりあらゆる面で劣るということなのか？　ほかにも、イヌマキ、イヌツゲ、カラスザンショウなどがある。

椨の木の葉は一五センチ位で、大きく枝の先端に集まってつく。また、革質が厚くやや光沢があり、裏は白っぽくクスノキ科特有の匂いがする。

95 藤樹神社《とうじゅじんじゃ》のタブノキ

所在地　高島市安曇川町上小川69
樹　種　タブノキ（クスノキ科）
　　　　樹高20m　幹周り4.7m
樹　齢　400年以上（推定）
アクセス　電車　JR湖西線「安曇川駅」から徒歩約15分
　　　　車　国道161号藤樹神社交差点湖側にすぐ
撮　影　2009年4月

増田　泰男

藤樹神社は、近江聖人として多くの人たちに尊敬された中江藤樹の徳を慕う人々が神社創建をはかり、一九二二年五月二一日に建立された神社である。道沿いの一角に藤樹が学んだ陽明学の祖である王陽明の生地、中国浙江省余桃市との友好の架け橋として一九二四年に建てられた陽明園（＊）がある。

神社の中央部に注連縄《しめなわ》が張られた椨《タブノキ》の木が立っている。地面から八メートルぐらいの所で主幹がなくなり、そこから二本の太い枝がまっすぐに伸びている。椎《シイ》、粗樫《アラカシ》、楠《クスノキ》、杉《スギ》などの樹木も多数あるが、神社の歴史が浅いためにこの椨の木以外に大樹はない。樹の前にある説明文によると、この樹は「ダマの木」と記されている。これは椨の木の別名で、ほかにも「ダモ」「クスダモ」などと呼ばれている。かつて、この境内に比叡山の山門三千院の一院として大きな勢力をもった万勝寺があった。織田信長の兵火によって焼亡したが、どうやらこの樹は焼け残ったものと考えられている。

中江藤樹は本名は中江与右衛門といい、一六〇八年にこの地に生まれた。祖父に従って伊予国大洲藩に仕えたが、二七歳のときに老母に孝養を尽くすため脱藩してこの地に戻った。独学で朱子学、陽明学を修め、村民を教化した。屋敷にあった大きな藤の木にちなみ、親しみを込めて「藤樹先生」と人々に慕われた。その藤の木は榎《エノキ》に枝を絡ませて人々の目を楽しませていたが、一九九九年ついに枯死し、危険ということで伐採された。

藤樹神社がある安曇川地区は扇子の扇骨の里としても有名で、全国生産の八〇パーセントを占めている。昔、洪水防止のために植えられた竹が地域産業となっている。

（＊）高島市安曇川町青柳1150－1　TEL：0740－32－0330　中江藤樹記念館に隣接。問い合わせは中江藤樹記念館へ。

96

上古賀《かみこが》のスギ

所 在 地　高島市安曇川町上古賀地先
樹　　種　スギ（スギ科）　　樹高20m
　　　　　幹周り12.1m（２本の太枝部含む）
樹　　齢　300年以上（推定）
アクセス　電車　JR湖西線「安曇川駅」から江若交通バス「上古賀」下車、徒歩約2.5km
　　　　　車　　国道161号線よりJR「安曇川駅」経由約11km
撮　　影　2008年10月

増田　泰男

ＪＲ湖西線安曇川駅から上古賀行きのバスに乗ると一七分ほどで上古賀に到着する。道路沿いに七〇〇メートルほど西に歩くと、熊野神社の鎮守の森が見えてくる。神社の手前に安曇川観光協会が立てた「奥山ダム、老樹一本杉」の看板があって、そこから山沿いの林道に入っていく。道幅三メートルほどだがよく整備されており、植林された杉木立の中は別世界のような静けさに包まれている。

平坦な林道をハイキング気分で二キロほど歩くと、突然、右手に老樹の一本杉が現れた。想像を絶する姿・形の杉で、驚かされるとともに自然の偉大さを感じてしまう。お行儀が悪いというか、大胆というか、巨人が大股開きでどんと座ってこちらを向いているような形をしている。地面のすぐ上の主幹から太い枝が左右に二本突きでてそのような形になっているのだが、自然の造形の妙に感心する。その股の中心に小さなお地蔵様が祀られているのがほほえましい。

この杉の謂《いわ》れとして、次のようなことが伝えられている。昔、弘法大師が朽木谷へ行こうとして、この地で弁当を食べるために路傍の杉の小枝を折って箸にした。食事のあと、その枝を地面に突き刺しておいたところ、やがてそれが大木となった、と。

老樹の幹周りには青い苔が付き始めてさすがに若干の衰えが感じられるが、赤味の樹皮と相まって存在感は際立っている。山道でこの大きい杉を見ていると、朽木—琵琶湖を結ぶ道標として人々がいかに頼りにしたかということがよく理解できる。この老樹がいつまでも元気でいられるように祈るとともに、われわれができることを少しでも実行していくことの大切さを感じた。

（注意）陸上自衛隊の饗庭野《あいばの》演習場内にあり、演習中は立ち入り禁止。演習日には守衛兵が立っている。

97

八幡神社《はちまんじんじゃ》のスギ

所在地	高島市畑591
樹　種	スギ(スギ科)　樹高43m　幹周り5.3m(他２本)
樹　齢	300年以上（推定）
アクセス	電車　JR湖西線「高島駅」から江若交通バス「畑」下車、徒歩約３分 車　国道161号線よりJR「高島駅」経由西へ約９km
撮　影	2003年10月

増田　泰男

ＪＲ湖西線高島駅から「畑行き」のバスで二〇分ほどの所、比良山系の山懐に「畑地区」がある。ここは一九九九年七月に「棚田一〇〇選」に選ばれ、標高約一〇〇メートルの間に三六〇面近い棚田がつながり、四季折々の美しい景観をつくりだしている。地区を挙げて保存にも取り組んでおり、「棚田オーナー制度」も取り入れて都会の人々の癒しの場ともなっている。

棚田の上から八幡神社を見下ろすと実に美しい光景だ。眼下に広がる棚田は遥か谷のほうへとつづき、その中ほどに八幡神社の鎮守の森がこんもりと見え、その上部から杉の先端が突き抜けている。朝もやのかかった棚田と鎮守の森は、アマチュアカメラマンの絶好のアングルとなっている。滋賀に残したい景色の一つとして、この美しさをいつまでも保ってほしい。

八幡神社は、バスの終点「畑」から坂道を約一〇〇メートル上った所にある。創祀年代などは不詳であるが、社伝によると「応神天皇の御子速総《ハヤブサワケノミコ》別王が来住し、水尾《みお》神社（＊）の社殿を再建したまうときに、三尾郡三尾川上流最高の浄境風嶺に父天皇を奉斎し給う」となっている。そのため、水尾神社の祭日（五月三日）には当神社にも神供を献じて祭りが行われている。

神社の本殿の裏側が道に面していて、道から約三〇メートル入った棚田に面した所が正面である。鳥居、拝殿、本殿と連なるが、巨木の杉は鳥居の右手に一本、拝殿の左手に一本、透かし石塀に囲まれた本殿の左手奥外側に一本と、計三本が神社を囲む多くの杉の中にそびえている。樹形がよいので「種取りの木」とされ、多くの子孫を残してきたとのことである。

（＊）高島市拝戸716。のちに継体天皇の母振姫が拝殿を産所として、継体天皇を含む三児を安産されたと伝えられる。

98

樹下神社《じゅげじんじゃ》のスダジイ

所在地　大津市南比良98
樹　種　スダジイ（ブナ科）　樹高16m　幹周り（二分岐幹）8.5m
樹　齢　300年（推定）
アクセス　電車　JR湖西線「比良駅」より西へ約0.7km
　　　　　車　　湖西バイパス（国道161号）比良インター東へ約1.7km
撮　影　2004年6月

藤林　道保

ＪＲ湖西線比良駅で降り、比良山系方向に向かって進むと、ほどなく県道大津高島線に突き当たる。その県道の路傍に、道路に大きく被さるように枝を伸ばしているすだ椎《スダジイ》の古木がある。交通安全上の対策と思われるが、数年前に枝が切り落とされて樹冠は小さくまとめられてしまった。樹幹に対してアンバランスな感じが否めない。

幹は地際で二分していて、椎の古木に共通的に見られるように空洞化が著しく、原形を想像するのは難しい。巨樹・巨木の測定ルールでは株立ち樹はすべての分幹の幹囲を加算するので、数値的には椎として県内最大の巨木として位置づけられている。

比良山系の裾野から琵琶湖岸に至るわずか三キロほどの平坦地に位置するこの神社の杜は、広大とは言いがたいが、一歩踏み入れると椎をはじめ杉、欅《ケヤキ》、椨《タブノキ》の木などの樹木が立ち並び、周囲に田園が広がっていることさえ忘れさせる雰囲気がある。旧志賀町（現在、合併により大津市）には「樹下神社」と称される神社が三社祀られていて、その創祀には共通して山王十禅師を勧請したと伝わる。

この三社の中央に位置している南比良の樹下神社の社伝によれば、「紀元前一一六年（開化天皇歳次四十二）比良大峰に降臨霊跡に社を建て祀った」とあり、九四九年に下ったとされる神託《しんたく》に従って山城国北野の地と当地境内に天神を祀り、天満神社が造営されたとなっている。一六二三年に比良村が南北に分かれ、一八七三年、樹下神社を南比良村、天満神社を北比良村の氏神と定めて境内を両分した。また元亀の兵乱[＊]の際に焼失したが、これを予知して神宝、古文書を蒲生郡内に移し、その一部が再び返納されたという記録が現存している。

（＊）1571年、織田信長による比叡山焼き討ちによって、日吉山王21社すべて、比叡山根本中堂以下３塔16谷の塔堂、僧坊500を焼き尽くした。

99 樹《じゅ》下《げ》神《じん》社《じゃ》のヤマザクラ

所在地　大津市木戸680－1
樹　種　ヤマザクラ（バラ科）　樹高20m　幹周り4.1m
樹　齢　150年（推定）
アクセス　電車　JR湖西線「志賀駅」より南西へ約0.7km
　　　　　車　　湖西バイパス（国道161号）志賀インター南へ約1.6km
撮　影　2007年4月

藤林　道保

ＪＲ湖西線志賀駅で降りて、高架の側道を琵琶湖に沿って一〇分ほど南下すると右手に石鳥居が見えてくる。この鳥居は、樹下神社の正面玄関に相当する「一の鳥居」である。これを通りすぎて直進すると、第二の鳥居を構えた樹下神社に着く。鳥居の脇には樅《モミ》の高木がそびえ、鳥居をくぐってすぐ前方に美しく整った樹形を誇る山桜《ヤマザクラ》がある。

一般的に桜といえば、一八六八年（明治元年）、江戸の染井村（東京・駒込）の植木職人たちが江戸彼岸桜《エドヒガンザクラ》と大島桜《オオシマザクラ》を人工的に交配して改良した染井吉野《ソメイヨシノ》を指す。木の生長が早く、葉より花が先行して咲き、大型の花が密生することから花見を楽しむのにも適し、短命（一般的に七〇年位）であるにもかかわらず桜の代名詞となっている。

山桜は日本に自生する桜の野生種の一つで、これを原種として選抜された栽培品種も多い。落葉高木で、桜の仲間では寿命が長く大木になる。多くの場合、葉芽と花が同時に開く野生の桜の代表的な種で、古くから短歌や和歌に詠まれている桜のほとんどが山桜を指している。

この神社の創祀年代は不詳であるが、木戸城主佐野左衛門尉豊賢《さのさえもんのじょうとよたか》の創建と伝えられる。一四二九年に社地を除地とせられ、爾来《じらい》木戸城主の崇敬があつく、木戸庄五ヶ村の氏神として崇敬されてきた。ところが、一五七一年、織田信長の比叡山焼き討ちの累《るい》を受けて翌年に社殿が焼失した。当時、織田軍に追われて山中に遁世《とんせい》していた木戸城主佐野十乗坊秀方が痛憂して一五七九年に社殿を再造し、坂本の日吉山王より樹下大神を十禅師権現として再勧請して、郷内安穏　貴賤豊楽を祈願せられたと伝わっている。

100

小野神社《おのじんじゃ》のムクロジ

所在地	大津市小野1961
樹種	ムクロジ（ムクロジ科） 樹高18m　幹周り4.33m
樹齢	300年（推定）
アクセス	電車　JR湖西線「和邇駅」より南へ約1.0km、駅前より江若バス「小野神社前」下車 車　湖西バイパス（国道161号）和邇インター東へ2.6km
撮影	2008年9月

藤林　道保

無患子《ムクロジ》は、山地に自生する落葉高木であるが、神社仏閣にも多く植栽されている。大量のサポニンを含む果皮と果肉に包まれた種子は、今は使われなくなった追羽根の羽根の珠や念珠の珠などに加工されるほどの硬さを備えた黒色の実である。秋の黄葉は鮮やかで、十分に秋を感じさせてくれる樹木である。この樹は無患子としては県内第一位の幹囲をもち、小野神社の参道の中ほどにしっかりと根を下ろしている。

小野神社は、小野氏ゆかりの地を象徴する神社である。祭神は二神あり、小野妹子《おののいもこ》の祖先に当たる小野一族の祖神であるとともに、近江国造の祖、また餅や菓子の匠、司の始祖とされる第五代孝昭天皇の第一皇子である天足彦國押人命《アメタラシヒコクニオシヒトノミコト》と、同命から七代目の米餅搗大使主命《タガネツキオオオミノミコト》が祀られている。

毎年、一一月二日には「しとぎ祭り」が執り行われている。境内の神田で収穫された新穀の糯《もちごめ》を祭りの前日から水に浸し、生のまま木臼でつき固め、藁のツト(*)に包み入れる。納豆のようにも見えるこれを「しとぎ」と呼び、他の神饌とともに神前に供えられる。このあと、小野地区の三か所で「しとぎ」を吊り下げて礼拝し、五穀豊穣、天下泰平を祈願している。

境内社に、小野篁《たかむら》を祭る小野篁神社、飛地境内社に小野道風を祭る小野道風神社がある。小野氏に関係のある神社としては、東京都町田市の小野神社（祭神は小野篁）、京都市左京区の崇導神社境内社の小野神社（祭神は小野妹子・小野毛人《おののえみし》）、高知県南国市の小野神社（祭神は天足彦国押人命）がある。

（＊）稲藁の両端を束ね、その間を筒状に広げて容器としたもの。通気性に優れている。

101

日吉大社《ひよしたいしゃ》のスギ

［別名・走井《はしりい》スギ］

宮田　武治

所 在 地　大津市坂本５－１
樹　　種　スギ（スギ科）　　樹高34m　　幹周り5.1m
樹　　齢　300年（推定）
アクセス　電車　京阪電車石坂線「坂本駅」下車、約0.7km、
　　　　　　　　JR 湖西線「比叡山坂本駅」より約1.3km
　　　　　車　　国道161号比叡辻交差点より約２km
撮　　影　2006年４月

日吉大社は、湖国三大祭として知られる「日吉山王祭《ひよしさんのうさい》」が毎年四月一二日から一四日に行われることで有名である（二四三ページも参照）。

日吉大社は、全国に約三〇〇〇社の総本宮として規模が大きく、西本宮、東本宮など二一の社が点在し、まさに「大社」としての貫禄を十分に有している。その広大な境内の中に大宮川が流れ、「日吉三橋」といわれる大宮橋、走井《はしりい》橋、二宮橋が架けられ、四〇〇年間にわたって堅牢・重厚さを保ち、いずれも国の重要文化財に指定されている。

その真ん中にある走井橋は、天正年間（一六世紀末）に豊臣秀吉が寄進したとされる石の反り橋で、その橋のそばに四本の大杉が天高くそびえ立っている。「走井杉」の名の由来は、同じく秀吉の寄進とされる清めの井「走井」の傍《かたわ》らにあることからと名づけられた。そのうちの一本からは、L字型に特異な形で大きな太い枝が走井橋の上に横たわっており、まるでゾウの鼻が伸びてきているようである。

このような歴史的に意義の深い環境の下、この名木は大社の威厳を象徴するかのように荘厳である。比叡山や形の整った八王子山（三八一メートル）を背景として、走井堂の穴太衆《あのうしゅう》積み石垣（＊）、大宮川の清流、走井橋の反り橋の景観などともよく調和していて、誇らしげに高くそびえている。

ちなみに、走井堂は元天台座主の里坊であったが、現在は厄除け祈願の観音堂として重要文化財になっている。

（＊）大津坂本付近に住み、延暦寺の土木営繕を務めていた穴太衆は、安土城など各地で石垣を普請。整形されない大小の自然石を積む堅固な石積み。

102 日吉御田神社《ひよしみたじんじゃ》のクスノキ

所在地　大津市坂本６－27－14
樹　種　クスノキ（クスノキ科）
　　　　樹高25m　　幹周り5.3m
樹　齢　300年（推定）
アクセス　電車　京阪電車石山坂本線「坂本駅」下車、約0.1km
　　　　車　国道161号比叡辻信号より約1.2km
撮　影　2006年４月

宮田　武治

京阪電車の坂本駅を右に折れて一〇〇メートルも行かない左側の小さな四つ辻の角に日吉御田神社がひっそりと立っている。その位置は日吉大社の第一鳥居と第二鳥居のおよそ中間地点であり、穴太衆《あのうしゅう》積み石垣に囲まれている。坂本全体の僧坊や神社の並びから見て非常に地味なものなので、気がつく人は少ないであろう。またここは、民家が並び、ＪR坂本駅、国道161号へ出る細い県道に沿っているために交通量も多く、それに気を取られて見過ごしてしまうかもしれない。

坂本の名の示すように、坂の勾配がかなり強い。東は琵琶湖を見下ろし、西は比叡山を見上げるという地形のせいか、この神社には一般の神社のように広い境内や鬱蒼《うっそう》とした森はない。とはいえ、坂本に多い穴太衆積み石垣や二本の楠《クスノキ》の巨木を見ていると、古くから伝わるわれわれの知り得ない歴史と伝統を包み隠しているように思えてくる。

鳥居をくぐるとすぐ右手に巨大な楠が目に飛び込んでくる。大きさで県内一、二を競う楠は、大きく張りだした根が大地をつかむように踏ん張っている。太い綱のような注連縄《しめなわ》がバランスよく張られている。さらに、その奥まった所にある拝殿の左手にもう一本ある。この左手のほうは民家に近く、倒壊の恐れからか、惜しいことではあるが短く切られている。これらの樹は、江戸中期以後ずっと坂本の人々の暮らしを見つづけてきたことになる。そして、一九七六年一二月一日、大津市の保護樹木に指定された。

日吉御田神社は、一月一五日に行われる藁《わら》の大綱引きによって地元の人に知られている。これは、一年を表す一二間の大綱を氏子が編み、それを大蛇に見立て一年間の作物の豊凶を占う催しである。(*)

(＊)東西に分かれて綱引きの三番勝負があり、東が勝つと豊作とされる。ただ、東が坂の下になっているので必ず東が勝つことになっている。

103

大将軍神社《たいしょうぐんじんじゃ》のスダジイ

宮田　武治

滋賀県指定自然記念物

所 在 地　大津市坂本６－１－19
樹　　種　スダジイ（ブナ科）　　樹高14m　　幹周り5.0m
樹　　齢　300年以上（推定）
アクセス　電車　京阪電車石坂線「坂本駅」下車、約0.3km、
　　　　　　　　JR 湖西線「比叡山坂本駅」下車、約0.7km
　　　　　車　　国道161号比叡辻信号より約1.5km
撮　　影　2004年６月

京阪電車の坂本駅を降りると日吉大社参道に出る。その左手、山側へ一五〇メートルほど歩くと第二鳥居があるが、その右手に最澄の出生地である生源寺、さらにそれに接して大将軍神社がある。当神社は四辻角だが、穴太衆積み石垣に囲まれたひっそりとしたたたずまいである。最澄を祀る産土神《うぶすながみ》の神社とされており、いわゆる神仏混淆（習合）の寺社と考えられる。

この神社の鳥居のすぐ右手に「滋賀県指定自然記念物」の掲示があり、穴太衆積み石垣と密着してすだ椎《スダジイ》が根を一・五メートルほど地表に出してそびえている。というより、「須田」という「爺さん」が、今にも倒れそうに根を杖にして何とか立っているような感じである。根は苔むし、朽ちた自分の樹皮を養分にして長年生きてきたようである。枝葉は低くから密生しており、太い幹の見える部分はわずかである。掲示板には、「幹周五・〇メートル、樹高一四・〇メートル、推定樹齢三〇〇年以上、スダジイとしては県下有数の巨木」とある。

根と思える部分が大きく露出しているのは、かつてはこの位置まで土が被っていて土手状態になっていたものと思われる。人工的にその土手を削ったのか、自然に崩れたのかは分からないが、赤く塗られた板囲いからして人工的に削られたと考えられるが、すだ椎（須田爺）さんにすればひどい仕打ちだ。

この神社の前は日吉大社参道の中心地で、春には由緒ある日吉山王祭(*)が繰り広げられる。坂本の歴史は全国的に知られているが、この名木は静かにその歴史の流れを見てきたのであろう。この樹を眺めていると、坂本の歴史を自ずと思いめぐらすことになる。

(*)日吉大社の祭礼で、３月１日から４月15日にかけて行われる。中心行事は桜が満開となる４月12〜14日の３日間。

104

犬塚《いぬつか》のケヤキ

所在地　大津市逢坂２－２
樹　種　ケヤキ（ニレ科）　樹高19m　幹周8.3m
樹　齢　約540年
アクセス　電車　京阪電車京津線「上栄駅」下車徒歩１分
　　　　　車　　国道161号　札の辻西入すぐ
撮　影　2004年１月

杉浦　収

犬塚の欅《ケヤキ》は大津赤十字病院の南、道路の向かいの住宅密集地の中にあり、石垣に囲まれた塚の中に悠然とそびえる老大樹である。直径二メートル余、高さ八メートル余のクネクネとした根《ね》瘤《こぶ》と、主幹から多数の大枝が天に伸びている眺めは壮観である。この塚と老大樹には次のような伝説がある。

京都・東山大谷の本願寺を比叡山の衆徒に破壊されて追われた蓮如上人（一五一ページ参照）は、近江の国を転々として別所近松に坊舎を建てて腰を落ちつけた。一四七一年、蓮如上人が北陸への布教を思い立ったとき、三井寺円満院の僧正が別れの宴を催してくれた。その宴の料理人の一人が比叡山のある僧侶から秘かに金を受け取り、蓮如上人に出す料理に毒を盛った。蓮如上人はいぶかることなくその料理を口にしようとしたとき、それまで庭でおとなしくしていたお供の井上五郎左衛門の飼い犬が突然吠えだし、座敷に飛び込んで蓮如上人の料理を蹴散らし、それを食べて血を吐いて死んでしまった。危うく一命をとりとめた蓮如上人はこの犬を手厚く葬り、埋めた塚に欅を植えたと伝えられている（『蓮如・畿内東海を行く』参照）。

この塚が「犬塚」と呼ばれているもので、本願寺近松別院の飛び地として欅とともに管理されている。

犬塚の欅は、一九六五年五月六日、大津市教育委員会により大津市指定文化財に指定された。この欅は、近隣する住宅地への危険を防ぐために強く剪定されたため異様に幹が肥大化し、幹なのか根なのかがよく分からない姿をしている。太い枝が数本伸びているが、傷みがひどく元気そうには見えない。剪定した痕から出てきた蘖《ひこばえ》が、かろうじて生きていることを証明している。

105 三《み》井《い》寺《でら》（園《おん》城《じょう》寺《じ》）のスギ

［別名・天狗杉］

水谷　清治

所在地　大津市園城寺町246
樹　種　スギ（スギ科）　樹高20m　幹周り5.7m
樹　齢　約1000年（伝承）
アクセス　電車　JR琵琶湖線「大津駅」下車、京阪バス大津京駅行き「三井寺」下車、徒歩５分
　　　　車　名神高速大津ICから約10分
撮　影　2009年４月

三井寺（長等山園城寺）の境内には多くの堂塔が立ち並んでいるが、その中心は金堂である。この金堂は豊臣秀吉の正室北政所（*）が一五九九年に寄進したもので、伏見桃山時代末期の寺院建築の匠によって建てられた代表的な建造物で、一九五三年三月、国宝に指定された。

金堂の真向かいの左手にどっしりと大地に根を張った大杉の幹が、周りの木々を飛び越えて天に向かって誇らしげに伸びている。この大杉は樹高約二〇メートルで、地上約五メートルの所で二叉に分れている。主幹の先端は数度の落雷によって枯れた状態になっているが、その下部の幹は健全で、下枝は四方に伸びて葉もよく繁っている。この大杉は、寺伝によると樹齢一〇〇〇年を経ているといわれており、幹には注連縄《しめなわ》がしっかりと巻きつけられ「園城寺の天狗杉」と呼ばれて霊木として守られている。この呼称は次の伝説による。

昔、相模坊という僧侶が園城寺の勧学院で蜜教の修行をしていたとき、小田原市に大雄山最乗寺が創建されることを知り、一夜のうちに天狗となって書院の窓からこの杉へ飛んできて樹の上でしばらく止まり、方向を定めて東方へ飛び去った。飛び降りた所が大雄山最乗寺のある山中で、その後、建築工事を助けたという。

園城寺は天台宗寺門派で、天台宗山門派の延暦寺とは平安時代から抗争を繰り返してきた。また、源平の争乱などに巻き込まれたりして、園城寺の各堂舎は山門派によって焼き払われたが、そのたびごとに復興を繰り返してきた。金堂前の前に立つ大杉は、長年にわたってこのような人間のおろかな争いを見てきたのであろう。また、火災、風水害や地震などにたびたび遭いながらそれに耐え抜いてきた。その生命力には、ただただ驚くばかりである。

（*）（1542？～1624）秀吉の正室ねねのこと。「北政所」とは、天皇の宣旨によって摂政や関白の正室に対して贈られた称号。

106

石山寺《いしやまでら》のスギ

所 在 地　大津市石山寺１－１－１
樹　　種　スギ（スギ科）　　樹高30m　　幹周り4.2m
樹　　齢　350年（推定）1360年（伝承）
アクセス　電車　京阪電車石坂線「石山寺駅」より約0.7km
　　　　　車　　国道１号国道口より国道422号を南下約1.5km
撮　　影　2008年10月

中川　寛

京阪電車石山寺駅より瀬田川に沿って七〇〇メートルほど行くと、石山寺の門前町の風情を残す旅館や飲食店街が並び、まもなく石山寺の東大門に到着する。石光山石山寺は、七四七年に聖武天皇の命で奈良の良弁僧正が開祖したと伝わる。当初は華厳宗であったが、その後一〇世紀の初めに東寺真言宗の大本山となった。古くは朝廷や貴族の信仰もあつく、また紫式部や源頼朝、淀君、松尾芭蕉、島崎藤村らともゆかりのある寺で、二〇〇八年は「源氏物語千年紀in湖都大津(*)」に訪れる観光客で賑わった。

仁王像が構える東大門をくぐって二〇〇メートルほど先の急な石段を上った所の右側に、注連《し》縄《めなわ》が張られた杉の巨木がそびえている。その前の看板を見ると、「神木・天平時代石山寺草創当時からの老杉である」と書かれてある。「樹齢一二三六〇年です」ということなのだろう。その正面に国の天然記念物に指定されている巨大な硅灰石の奇岩・怪石が独特の岩肌を見せており、これが寺名の由来になった。

左手に国宝の本殿があり、その一角にある「源氏の間」で紫式部が『源氏物語』の構想を練って筆を下ろした場所と伝えられている。少し上ると硅灰石の上に出て、ここからは巨木の全容を見ることができる。石段の脇で、立地環境が決してよいとはいえない所で巨木らしくこんもりと葉を繁らしている。幹にはびっしりと苔が張り付いて、歴史が刻み込まれているようだ。しかし、この巨木は石段のほうに傾いている。右側の枝が剪定されて、形としては歪《いびつ》な感じがする。左側の枝はすこぶる元気に繁っているのでこちらに傾くと思うのだが、繁った枝の勢いが強いのか、空間ができたほうに傾いている。これが自然の原理か、ちょっと不思議な感じである。

(＊)『源氏物語』完成1000年記念行事として、2008年3月18日から12月14日まで開催された。

107 和《わ》田《だ》神《じん》社《じゃ》のイチョウ

所 在 地	大津市木下町７－13
樹　　種	イチョウ（イチョウ科）
	樹高25m　　幹周り4.4m
樹　　齢	600年以上（推定）
アクセス	電車　京阪電車「膳所本町駅」から約0.6km
	車　　近江大橋西詰交差点を西に入り約0.3km
撮　　影	2008年10月

増田　泰男

石山寺駅と日吉大社で有名な坂本駅を結ぶ京阪石坂線の膳所本町駅で下車して東に歩くと右手に膳所神社があり、さらに少し進むと左側の奥まった所に滋賀県立膳所高校がある。そこからすぐの信号を左折して、二〇〇メートルほどの所に和田神社がある。

天智・天武天皇の白鳳時代に創祀されたと伝えられるこの神社は、持統天皇の六八六年ごろには「元天皇社」あるいは「八大龍王社」と呼ばれ、のちの八三五年には「正霊天皇社」とも称されていた。明治維新の際、この地が「和田浜」や「和田岬」と呼ばれていたことから膳所藩主の令達によって「和田神社」と改称された。

桧皮葺きの一間社流造《いっけんしゃながれづくり》の本殿は国の重要文化財である。また、現在の表門は、江戸時代一八〇八年に創建された膳所藩藩校遵義《じゅんぎ》堂(*)の門を明治時代に移築したものである。

神社の社務所横にある大銀杏《イチョウ》は樹齢六〇〇年～六五〇年、多数の気根が垂れ、樹勢もすこぶる盛んで形もよく、近くの響忍寺《こうにんじ》の銀杏とともにかつては湖上を行く船の目印とされていた。

この銀杏には次のような伝説がある。慶長五年（一六〇〇）、全国の大名たちが東軍（徳川方）と西軍（豊臣方）に分かれて天下分け目の関ヶ原の合戦が行われた。戦いは西軍の敗北に終わり、敗軍の将である石田三成が伊吹山中で捕らえられ、京都へ護送される途中に小休止した際、この大銀杏につながれたと伝わっている。また、近くの琵琶湖畔には、家康が関ヶ原の戦いに勝利した後、秀吉の築いた大津城を取り壊して、その部材を使って建造した膳所城があったが今はなく、城跡公園として市民の憩いの場となっている。

神社本殿の横には元気のよい欅《ケヤキ》の巨木もあり、神社を静かで気持ちの安らぐ場所にしている。

(＊)県立膳所高校の場所にあって、遵義堂石碑がある。

108

延《えん》暦《りゃく》寺《じ》の玉《ぎょく》体《たい》スギ

所在地　大津市坂本本町4220
樹種　スギ（スギ科）　樹高20m　幹周り7.5m
樹齢　400年（推定）
アクセス　電車　比叡山ケーブル「延暦寺西塔（釈迦堂）」から徒歩40分
車　比叡山ドライブウエイ横川サービスエリアから徒歩40分
撮影　2008年9月

今井　洋

「煙雨・比叡の樹林」は琵琶湖八景の一つに選ばれているが、この樹林は杉林といえるほど杉が多い。比叡山には杉の大木が何本もあるが、その中でも有名なのがこの玉体スギである。

延暦寺は東塔（根本中堂）・西塔（釈迦堂）・横川（横川中堂）の諸堂からなるが、この西塔から横川に至る尾根伝いの道のほぼ中間地点に玉体スギはある。現地にある説明板に、「回峰行者はここで止まって、御所に向かい玉体加持《ぎょくたいかじ》（天皇のご安泰をお祈りする）をします。この大きなスギの木を玉体杉といいます」と書かれている。回峰行者とは、比叡山で「千日回峰行」を納める僧のことで、「生き仏」になるための難行を行っている。その千日回峰行について少し説明しておこう。

まず、一日約三〇キロを五年間で七〇〇日、比叡山の峰々をめぐって山川草木ことごとくに仏性を見いだし、二百数十か所で礼拝をして回る。次いで、「堂入り」といわれる九日間の断食・断水・不眠・不臥で不動真言を唱える行に入る。これが、生死を分かつもっとも難行とされている。六年目は、今までの行程に京都赤山禅院《せきざんぜんいん》への往復が加わり、一日約六〇キロを一〇〇日。七年目は二〇〇日を回るが、前半の一〇〇日は通称「京都大廻り」と呼ばれ、比叡山山中と赤山禅院に加えて京都市内を巡礼して一日約八四キロを踏破する。最後の一〇〇日は、元通り比叡山山中約三〇キロをめぐって満行となる。一〇〇〇日で歩く距離は、ほぼ地球一周に相当するといわれている。

この千日回峰行中に必ずめぐる比叡山山中コースに、一か所だけ行者が腰を下ろすことが許されている場所がある。それが「玉体スギ」の根元につくられた石座である。ここからは、西に京都の街並み、東に滋賀の琵琶湖や湖東が一望できる。行者はここに腰を下ろして、京都御所に向かって鎮護国家、玉体安穏、つまり国家の安泰を祈願してきたのである。今は、ここから三上山方面がほぼ宮城《きゅうじょう》にあたるので東方遥拝もなされていることであろう。

歴史をひもとくと、比叡山は京都の鬼門にあたるので王城鎮護《おうじょうちんご》の霊峰として崇められ、都の地を守ると信じられてきた。一説によると、下鴨神社から比叡山に線を引くとこれが「夏至日の出遙拝線《ようはいせん》」＝「冬至日の入遙拝線」になるとのことである。はるか太陽崇拝の古《いにしえ》にもさかのぼって、崇拝の姿が甦ってくる。

最近、京都の街の周囲をめぐり、自然を訪ね歩く「京都一周トレイル」(＊)（約七〇キロ）が京都府山岳連盟によって整備された。そのコースに玉体スギが道標として選ばれたため、京都から大勢の人が訪れている。玉体スギは二叉で、片方はさらに大小に分れて三本立ちに見える姿でそそり立ち、多くの根が隆起して巨木を支えている。杉は、谷間など水の多い土地を好む樹で、乾燥地はあまり得意ではない。松なら適地かもしれないが、杉には風通しのよい峰道は乾燥しすぎて大変厳しい環境と思われる。よくもまあ、元気で頑張っていると声援を送りたい。

巨木めぐりも玉体スギで一〇八を数えた。奇しくも、除夜の鐘の数である。人間は煩悩が多く一〇八とされる。比叡山では「人間本来清らかな仏性をもつが、これが煩悩で曇る。この錆落としをして、仏性を磨き出さねばならぬ」と教えているが、巨木を訪ねることによってその契機を与えてくれるように思う。いつも悠然と立ち、泰然自若とした姿を見るたびに、新たな蘇生の思いが感じられる。

（＊）「トレイル」とは、森林、山地などの踏み分け道のこと。

あとがき

巨木に会いに行く日は、朝からうれしくて胸が躍ってしまう。巨木と対面したときは、「会いに来たよ！」と必ず声をかけている。しかし、巨木は何も知らない顔をして立っている。でも、きっと喜んでいるにちがいない、と私は思っている。

それにしても、滋賀県内には巨木が至る所にあった。これまでに見た巨木は、「はじめに」でも記したように優に四〇〇本を超えている。本文では紹介できなかったが、「びわこ一周ふれあいウォーク」、「レイカディア大学園芸学科」、「栗東ボランティア観光ガイド」といったさまざまな機会においても多くの方々に巨木と出会ってもらった。そして今は、卒業したレイカディア大学の園芸学科の講師まで務めるようになってしまい、定期的に巨木に関する地で講義をさせてもらっている。

巨木のもつ強い生命力に引き付けられ、毎日毎日が興奮と感動の連続だった。その感動を写真に収めてくれたのが、会のメンバーである藤林道保氏である。もちろん、本書に掲載した写真も彼によるものである。藤林氏の、巨木を撮影する際のこだわりを紹介しておこう。

「巨木との最初の触れ合いは、私の写真への考え方や取り組み方に強い影響を与えてくれた。何百年という長い歳月を、一度生を受けた（発芽した）その地を動くことなく、あらゆる試練に耐えて生き抜いてきた生命力を感じ、その結果として醸し出されるある種の威厳に圧倒された時、この場に居合わせない多くの人たちに伝えることができたらという思いが沸いてきた。巨木の前に立ち、レンズの中にすばらしい巨木の姿を見たとき、常に最初に受けた強烈な印象を忘れることがない。巨木は（モデルさん）必ずしも写しやすい場所には居ない。どこから写せばその木の最も美しい姿を表現し、人々に伝える事ができるか。最高のアングル探しが大変だ。（中略）私の目指す巨木写真は、大きさの誇張ではないのである。木の大きさもさることながら、その木のもつ神秘性と生命力の強さを伝えたい。かぎられた画像の範囲内で表現する楽しみを味わいながら、先人たちが守りつづけてきた巨木を我々は巨木写真を通じて人々に保護保全の大切さを伝えていきたい」

藤林氏のこだわりを読んで私は、林業に従事していたわけではない親父が「このままほっといたらあかんなあ」とよく言っていたのを思い出した。たしかに、これまでに出会った巨木の中には立派で元気そうなものもあったが、枯死寸前で助けを求めているように感じる巨木もあった。比較的町の中にある巨木は地域の人たちに大事にされているが、誰にも気づかれることがなく、ひっそりと自由に思いっきり生きている巨木も多い。

環境の悪化が進む中、巨木を「文化財」と位置づけて保全を図ることが世の風潮となってきた。もちろん、それ自体はよいことだと思うが、人の手が加われば巨木のもつ野生味が弱まって自然体が薄れてしまうという一面もある。だが、巨木の育つ環境を悪くしてきた人間には、巨木を守り育てていく責任があるように思う。

「滋賀の名木を訪ねる会」のメンバー全員は、これまで県内にあるすばらしい巨木を一人でも多くの人々に知って欲しいと思ってさまざまな活動を繰り返してきた。しかし、何百年も生きてきた巨木たちは、現在の環境の中で少しストレスが溜まっているようでもある。やたらに枝を折ったり、木を傷つけたり、または根の部分を踏み固めたりすると大きなダメージを与えることを知っておいてほしい。

多くの人々に見てもらいたいという思いと同時に、今後はその見方も伝えていかなければならないと感じている。つまり、今後は巨木の保護保全を前面に打ちだして活動を進めていく必要があると考えている。そして、巨木の今ある姿を次世代に継承していく責任があることを、本書を著すことで改めて実感した。それがゆえに、これからも写真展や講演会、巨木めぐりツアーなどの活動をさらに拡げていきたいと考えているので、本書を読まれてご興味をもたれた方は遠慮なく会のほうにＦＡＸでご連絡をいただきたい。しかし、メンバー全員が高齢化していることもあり、定期的にこれらの活動を行えないことをご了承願いたい。今後の会の運営のことも含めて、身体だけでなく頭のほうもフル回転していきたいと思っている。

最後になりましたが、「NPO法人　たねや近江文庫」の川島民親氏をはじめとしたスタッフのみなさま、そして「是非、出版を！」とおっしゃって私たちを株式会社新評論の武市一幸氏に紹介していただいた滋賀大学経済学部教授で、「シリーズ近江文庫」の記念すべき一冊目となる『近江骨董紀行』を著された筒井正夫氏に御礼を申し上げます。

思いつきで始めたような「滋賀の名木を訪ねる会」の活動を本にまとめることができただけでなく、「シリーズ近江文庫」の一冊として加えていただきましたこと、会のメンバーを代表して、みなさんに感謝するとともに御礼を申し上げます。

また、滋賀県琵琶湖環境部森林政策課の担当の方々には、これまでさまざまな協力をしていただきました。本当にありがとうございました。そして、本書出版にあたりましては嘉田由紀子知事より「すいせん文」をいただけたことがメンバーの執筆意欲を高めることになりました。この場をお借りして、厚く御礼を申し上げます。

二〇〇九年　九月

滋賀の名木を訪ねる会　会長　辻　宏朗

参考文献一覧

秋里籬島原著・粕谷宏紀監修『東海道名所図会（上）』ぺりかん社、二〇〇一年
芦田裕文『巨樹紀行――最高の瞬間に出会う』家の光協会、一九九七年
稲本正編『森を創る 森と語る』岩波書店、二〇〇二年
今津町史編集委員会編『今津町史（第三巻）』今津町、二〇〇一年
今森光彦『萌木の国』世界文化社、一九九九年
岩槻邦男・馬渡峻輔監修、加藤雅啓編『植物の多様性と系統』裳華房、一九九七年
上田正昭編『探究「鎮守の森」――社叢学への招待』平凡社、二〇〇四年
梅原猛他『巨樹を見に行く――千年の生命との出会い』講談社、一九九四年
梅原猛・安田喜憲編『森の文明・循環の思想――人類を救う道を探る』講談社、一九九三年
大石眞人『近江路の古寺を歩く――踏みわけて訪ねる名刹の数々』山と渓谷社、一九九七年
大津市歴史博物館企画編『大津の名木』大津市、一九九一年
大貫茂『日本の巨樹一〇〇選』淡交社、二〇〇二年
大場秀章『植物は考える――彼らの知られざる驚異の能力に迫る』河出書房新社、一九九七年
小笠原亮『江戸の園芸・平成のガーデニング』小学館、一九九九年

小林圭介編『滋賀の植生と植物』サンライズ出版、一九九七年
岡村完道『近江の松』サンライズ出版、二〇〇五年
岡村喜史『蓮如・畿内東海を行く』国書刊行会、一九九五年
賀茂神社「御猟野乃杜賀茂神社」(パンフレット)
河合雅雄『森の歳時記』平凡社、一九九〇年
環境庁編『日本の巨樹・巨木林(近畿版)』大蔵省印刷局、一九九一年
人文社観光と旅編集部編『郷土資料事典　滋賀県・観光と旅』人文社、一九八五年
北村四郎編『滋賀県植物誌』保育社、一九六八年
倉田悟『日本主要樹木名方言集』地球出版、一九六三年
神津善行『植物と話がしたい——自然と音の不思議な世界』講談社、一九九八年
甲良町教育委員会編『こうらの民話』サンブライト出版、一九八〇年
甲良町教育委員会編『甲良町三偉人ものがたり』甲良町教育委員会、一九九二年
佐野藤右衛門『木と語る』小学館、一九九九年
佐野藤右衛門・小田豊二『櫻よ——「花見の作法」から「木のこころ」まで』集英社、二〇〇一年
滋賀県商工労働観光物産課編『むかしむかし近江の国に……——自然・文物もの知り事典』京都新聞社、一九八五年
滋賀県編『近江名木誌』滋賀県、一九一三年

滋賀県神社誌編纂委員会編『滋賀県神社誌』滋賀県神社庁、一九八七年
滋賀県立図書館写真複製版『滋賀県市町村沿革史採集古文集』滋賀県立図書館・製作、一九六七年
滋賀県緑化推進会編『滋賀の名木誌』滋賀県、一九八七年
滋賀植物同好会編『近江の鎮守の森——歴史と自然』サンライズ出版、二〇〇〇年
滋賀植物同好会編『近江の名木・並木道』サンライズ出版、二〇〇三年
滋賀総合研究所編『湖国百選——木』滋賀県企画部地域振興室、一九九一年
信楽町史編纂委員会・滋賀県立甲賀高等学校社会部編『信楽町史』臨川書店、一九八六年
助安由吉『森は人類を救う——「海上の森」の中からのメッセージ』エイト社、一九九七年
多賀町史編さん委員会編『多賀町史（上・下）』多賀町、一九九一年
高橋弘『日本の巨樹・巨木——森のシンボルを守る』新日本出版社、二〇〇一年
田嶋謙三・神田リエ『森と人間——生態系の森、民話の森』朝日新聞社、二〇〇八年
多田多恵子『種子たちの知恵——身近な植物に発見！』日本放送出版協会、二〇〇八年
只木良也『森の文化史』講談社、二〇〇四年
辻井達一『日本の樹木——都市化社会の生態誌』中央公論新社、一九九五年
西川富雄『環境哲学への招待——生きている自然を哲学する』こぶし書房、二〇〇二年
ネイチャー・プロ編集室『花とみどりのことのは』幻冬舎、二〇〇一年
滋賀県歴史散歩編集委員会編『滋賀県の歴史散歩（上・下）』山川出版社、二〇〇八年

橋本健『植物には心がある――あなたが話しかけるのを待っている』ごま書房、一九九七年
林進『森の心 森の智恵――置き忘れてきたもの』学陽書房、一九九六年
平塚晶人『サクラを救え――「ソメイヨシノ寿命六〇年説」に挑む男たち』文藝春秋、二〇〇一年
平野秀樹、巨樹・巨木を考える会『森の巨人たち・巨木一〇〇選』講談社、二〇〇一年
深津正『植物和名の語源』八坂書房、一九八九年
朴福美「植物名に探す朝鮮語の影響――榎」高崎経済大学経済学会『高崎経済大学論集』第四四巻第二号、二〇〇一年所収
本願寺近松別院『蓮如上人五百回御遠忌』一九九八年
牧野和春監修『わが町わが村自慢の木』牧野出版、一九八九年
牧野和春『巨樹と日本人――異形の魅力を尋ねて』中央公論新社、一九九八年
牧野和春文・八木下弘写真『巨樹の顔』朝日新聞社、一九八三年
牧野和春監修『樹木詣で――巨樹・古木の民俗紀行』〈別冊太陽〉平凡社、二〇〇二年
牧野和春『本朝巨木伝――日本人と「大きな木」のものがたり』工作舎、一九九〇年
まちかど百科編集委員会編『甲南まちかど百科』甲南町、一九九八年
水上勉『櫻守』新潮社、一九七六年
宮脇昭『森よ生き返れ』大日本図書、一九九九年
宮脇昭『鎮守の森』新潮社、二〇〇七年

宮脇昭・板橋興宗『鎮守の森』新潮社、二〇〇〇年
村松七郎『彦根の植物』自費出版、一九八〇年
柳田國男『柳田國男全集（第一九巻）』筑摩書房、一九九九年
矢部三雄『恵みの森 癒しの木――森の名所50選を歩く』講談社、二〇〇七年
山折哲雄『鎮守の森は泣いている――日本人の心を「突き動かす」もの』ＰＨＰ研究所、二〇〇一年
安田喜憲『日本よ、森の環境国家たれ』中央公論新社、二〇〇二年
横田英男編『湖東町史（下）』湖東町役場、一九七九年
余呉町教育委員会編『余呉の民話』余呉町教育委員会、一九八〇年
渡辺大記「野神に見る、人間と自然との共生の形態――滋賀県伊香郡高月町内の野神祭の現在」滋賀県立大学人間文化学部『人間文化』第二〇号、二〇〇七年所収
『伊賀・甲賀忍びのすべて――闇に生きた戦闘軍団』〈別冊歴史読本〉新人物往来社、二〇〇二年
滋賀県神社庁ホームページ　http：//www.shiga-jinjacho.jp/

なお、滋賀県各市町教育委員会、滋賀県各市町文化財（保護）課のみなさんにも、調査執筆にあたってはご協力をいただきました。

15	木之本町黒田のアカガシ(野神《のがみ》)	伊香郡木之本町黒田2381番地	6.9	15	(推定) 3~400年	平成3年 3月1日
16	余呉町菅並のケヤキ(愛宕《あたご》大明神)	伊香郡余呉町菅並285番地	8.2	25	(推定) 約700年	平成3年 3月1日
17	菅山寺《かんざんじ》のケヤキ	伊香郡余呉町坂口672番地	6.2 5.7	15 20	(伝承) 1,000年余	平成3年 3月1日
18	マキノ町海津のアズマヒガンザクラ(清水《しょうず》の桜)	高島市マキノ町海津760番地	6.4	16	(推定) 300年以上	平成3年 3月1日
19	阿志都弥《あしづみ》神社行過《ゆきすぎ》天満宮のスダジイ	高島市今津町弘川1707番地の1	6.5	15	(伝承) 1,000年余	平成3年 3月1日
20	三大神社の藤	草津市志那町吉田309番地	(株立ち)	2	(伝承) 約400年	平成8年 3月27日
21	油日神社のコウヤマキ	甲賀市甲賀町油日1042番地	6.5	35	(推定) 約750年	平成8年 3月27日
22	八幡神社の杉並木	米原市西山612番地	4.7 他	38 他	(推定) 400年以上	平成8年 3月27日
23	長浜市力丸の皀莢《さいかち》	長浜市力丸84番地	3.6	11.1	(推定) 500年以上	平成8年 3月27日
24	木之本町石道の逆杉《さかすぎ》	伊香郡木之本町石道標高約500m	7.8	約35	(推定) 約1,000年	平成8年 3月27日
25	多賀大社のケヤキ(飯盛木《いいもりぎ》)	(男飯盛木《おとこいいもりぎ》)犬上郡多賀町多賀864番地 (女飯盛木《おんないいもりぎ》) 〃 924番地	6.32 9.72	15 15	(推定) 300年以上	平成11年 3月4日
26	湖北町田中のエノキ(えんねの榎実木《よのみのき》)	東浅井郡湖北町田中200番地	4.6	10	(推定) 250年	平成11年 3月4日
27	鹿跳峡《ししとびきょう》の甌穴《おうけつ》(米かし岩)	大津市石山南郷町(瀬田川河床)	幅(m) 5.2(南北) 3.0(東西)	高さ(m) (最大高) 1.3	甌穴の大きさ 径約70cm (深さ約50cm)	平成14年 5月7日
28	政所《まんどころ》の茶樹《ちゃじゅ》	東近江市政所町1053番地	0.3	1.9	(推定) 300年	平成14年 5月7日
29	蓮花寺《れんげじ》の一向杉《いっこうすぎ》	米原市番場511番地	5.53	30.7	(推定) 700年	平成14年 5月7日

滋賀県指定の自然記念物一覧

（出典：滋賀県庁ホームページ）

番号	名称（通称名）	所在地	幹周（m）	樹高（m）	樹　齢	指定年月日
1	大将軍《たいしょうぐん》神社のスダジイ	大津市坂本 六丁目１番19号	5.0	14	(推定) 300年以上	平成3年 3月1日
2	慈眼寺《じがんじ》のスギ (金比羅《こんぴら》さんの三本杉)	彦根市野田山町 291番地	5.1,5.1 4.1	38,40 24	(伝承) 1,200年	平成3年 3月1日
3	東近江市昭和町のムクノキ(西の椋《むく》)	東近江市昭和町 981番地の２	7.3	22	(推定) 650年	平成3年 3月1日
4	立木《たちき》神社のウラジロガシ	草津市草津 四丁目１番３号	6.3	10	(推定) 300年以上	平成3年 3月1日
5	岩尾池のスギ (一本杉)	甲賀市甲南町 杉谷3755番地の1	4.7	15	(伝承) 1,000年以上	平成3年 3月1日
6	多賀町栗栖《くるす》のスギ (杉坂峠のスギ)	犬上郡多賀町 栗栖33番地の３	11.9,4.1 3.2,3.3	37,35 30,35	(推定) 400年	平成3年 3月1日
7	井戸神社のカツラ	犬上郡多賀町 向之倉63番地	11.6	39	(推定) 約400年	平成3年 3月1日
8	長岡神社のイチョウ	米原市長岡 1573番地	5.7	27	(推定) 約800年以上	平成3年 3月1日
9	米原市清滝のイブキ (柏真《びゃくしん》)	米原市清滝 337番地	4.9	10	(推定) 700年	平成3年 3月1日
10	米原市杉沢のケヤキ（野神《のがみ》)	米原市杉沢 822番地	5.1	27	(推定) 600年	平成3年 3月1日
11	米原市吉槻のカツラ	米原市吉槻 1429番地の１	8.1	16	(推定) 1,000年	平成3年 3月1日
12	八幡神社のケヤキ (野神《のがみ》ケヤキ)	伊香郡高月町 柏原739番地	8.4	22	(推定) 300年以上	平成3年 3月1日
13	天川命《あまかわのみこと》神社のイチョウ (宮さんの大イチョウ)	伊香郡高月町 雨森1185番地	5.7	32	(推定) 300年	平成3年 3月1日
14	石道寺《しゃくどうじ》のイチョウ (火伏《ひぶ》せの銀杏《いちょう》)	伊香郡木之本町 杉野3957番地	4.3	20	(推定) 2～300年	平成3年 3月1日

滋賀県の国指定天然記念物一覧　　　　（出典：滋賀県庁ホームページ）

No	名称	所在地	指定年月日
1	平松のウツクシマツ自生地	湖南市甲西町平松	大正10・3・3
2	南花沢のハナノキ	東近江市南花沢町	大正10・3・3
3	北花沢のハナノキ	東近江市北花沢町	大正10・3・3
4	熊野のヒダリマキガヤ	蒲生郡日野町熊野	大正11・10・12
5	了徳寺のオハツキイチョウ	米原市醒ヶ井	昭和4・12・17
6	鎌掛谷のホンシャクナゲ群落	蒲生郡日野町鎌掛	昭和6・3・30

滋賀県指定の天然記念物一覧　　　　（出典：滋賀県庁ホームページ）

No	名称	所在地	指定年月日
1	玉桂寺のコウヤマキ	甲賀市信楽町勅旨	昭和49・3・11
2	西明寺のフダンザクラ	東近江市甲良町池寺	昭和49・3・11

「滋賀の名木を訪ねる会」会員一覧（2008・6・1現在）

辻　　宏朗／藤林　道保／増田　泰男／今井　　洋／杉浦　　収／
宮田　武治／伊藤　新吾／水谷　清治／磯島　文雄／中川　　寛／
石田　　弘／米本　哲男／三浦　忠男／松井　茂代／角　　久男／
脇坂　照子／竹山　芳子／成田　正一／田中　　勲／中嶋　賢吉／
廣瀬忠三郎／堀　多喜男／野口　　勇／奥川　賢一／福本扶左男／
遠藤喜美雄／河添　幸司／沢村　祥延

「シリーズ近江文庫」刊行のことば

美しいふるさと近江を、さらに深く美しく

海かともまがう巨きな湖。周囲230キロメートル余りに及ぶこの神秘の大湖をほぼ中央にすえ、比叡比良、伊吹の山並み、そして鈴鹿の嶺々がぐるりと周囲を取り囲む特異な地形に抱かれながら近江の国は息づいてきました。そして、このような地形が齎したものなのか、近江は古代よりこの地ならではの独特の風土や歴史、文化が育まれてきました。

明るい蒲生野の台地に遊猟しつつ歌を詠んだ大津京の諸王や群臣たち。束の間、古代最大の内乱といわれる壬申の乱で灰燼と化した近江京。そして、夕映えの湖面に影を落とす廃墟に万葉歌人たちが美しくも荘重な鎮魂歌（レクイエム）を捧げました。

源平の武者が近江の街道にあふれ、山野を駈け巡り蹂躙の限りをつくした戦国武将たちの国盗り合戦の横暴のなかで近江の民衆は粘り強く耐え忍び、生活と我がふるさとを幾世紀にもわたって守ってきました。全国でも稀に見る村落共同体の充実こそが近江の風土や歴史を物語るものであり、近世以降の近江商人の活躍もまた、このような共同体のあり様が大きく影響しているものと思われます。

近江の自然環境は、琵琶湖の水環境と密接な関係を保ちながら、そこに住まいする人々の暮らしとともに長い歴史的時間の流れのなかで創られてきました。美しい里山の生活風景もまた、近江を特徴づけるものと言えます。

いささか大胆で果敢なる試みではありますが、「ＮＰＯ法人　たねや近江文庫」は、このような近江という限られた地域に様々な分野からアプローチを試み、さらに深く追究していくことで現代的意義が発見できるのではないかと考え、広く江湖に提案・提言の機会を設け、親しき近江の語り部としての役割を果たすべく「シリーズ近江文庫」を刊行することにしました。なお、シリーズの表紙を飾る写真は、本シリーズの刊行趣旨にご賛同いただいた滋賀県の写真家である今森光彦氏の作品を毎回掲載させていただくことになりました。この場をお借りして御礼申し上げます。

2007年６月

ＮＰＯ法人　たねや近江文庫

理事長　山本徳次

編者紹介

滋賀の名木を訪ねる会
滋賀県レイカディア大学園芸学科の23期生28名で構成されている。県内の巨木・名木を調査し、県内図書館などでの写真展開催やガイドマップ制作を通じて、広く県民に巨木に関する啓蒙活動を行っている。
連絡先：滋賀県栗東市安養寺４－１－７
FAX：077－553－7338

執筆者一覧（アイウエオ順）
石田　弘・今井　洋・遠藤喜美雄・奥川賢一・河添幸司・沢村祥延・杉浦　収・竹山芳子・田中　勲・辻　宏朗・中川　寛・中嶋賢吉・成田正一・野口　勇・廣瀬忠三郎・藤林道保・堀　多喜男・増田泰男・松井茂代・三浦忠男・水谷清治・宮田武治・米本哲男・脇阪照子

《シリーズ近江文庫》
滋賀の巨木めぐり
—歴史の生き証人を訪ねて—

2009年11月25日　初版第１刷発行

責任編者　今井　洋
　　　　　藤林道保
　　　　　増田泰男
　　　　　辻　宏朗

発行者　武市一幸

発行所　株式会社　新評論

〒169-0051　東京都新宿区西早稲田３-16-28
電話　03(3202)7391
振替　00160-1-113487

落丁・乱丁はお取り替えします。
定価はカバーに表示してあります。
http://www.shinhyoron.co.jp

印刷　フォレスト
製本　桂川製本
装幀　山田英春
写真　藤林道保

Printed in Japan
ISBN978-4-7948-0816-5

シリーズ近江文庫　*Ohmi Library*

NPO法人 たねや近江文庫(「たねや近江文庫 ふるさと賞」主催)

日牟禮の地に月日を重ねてきたヴォーリズ建築。
瀟洒なその建物の2階に、たねやは2004年11月18日に数年にわたる準備期間を終え、
念願のNPO法人「たねや近江文庫」を設立致しました。
深く豊かな表情の近江の大湖。その大湖にも似て、近江の風土と歴史は
古代より様々に表情を変えながら私たちに美しく、また興味深く語りかけてくれます。
当文庫ではこのようなたねやのふるさと近江をより深化し、
近江の語り部さながらいろいろな角度から情報を発信していきたいと思っております。
現在、近江文庫の本拠地はたねや本社に移転しておりますが、
関連する書籍や美術品の蒐集・保存・公開のみならず、
美しいふるさと近江のこれからの環境保全などについても、
志を同じくする団体や人々との連携のもと積極的に取り組み活動していきます。

近江骨董紀行

城下町彦根から中山道・琵琶湖へ

筒井正夫　***Tsutsui Masao***

知られざる骨董店や私設美術館、街角の名建築など、
隠れた名所に珠玉の宝を探りあて、
「近江文化」の魅力と真髄を味わい尽くす旅。

［四六並製 324頁 税込定価2625円 ISBN978-4-7948-0740-3］